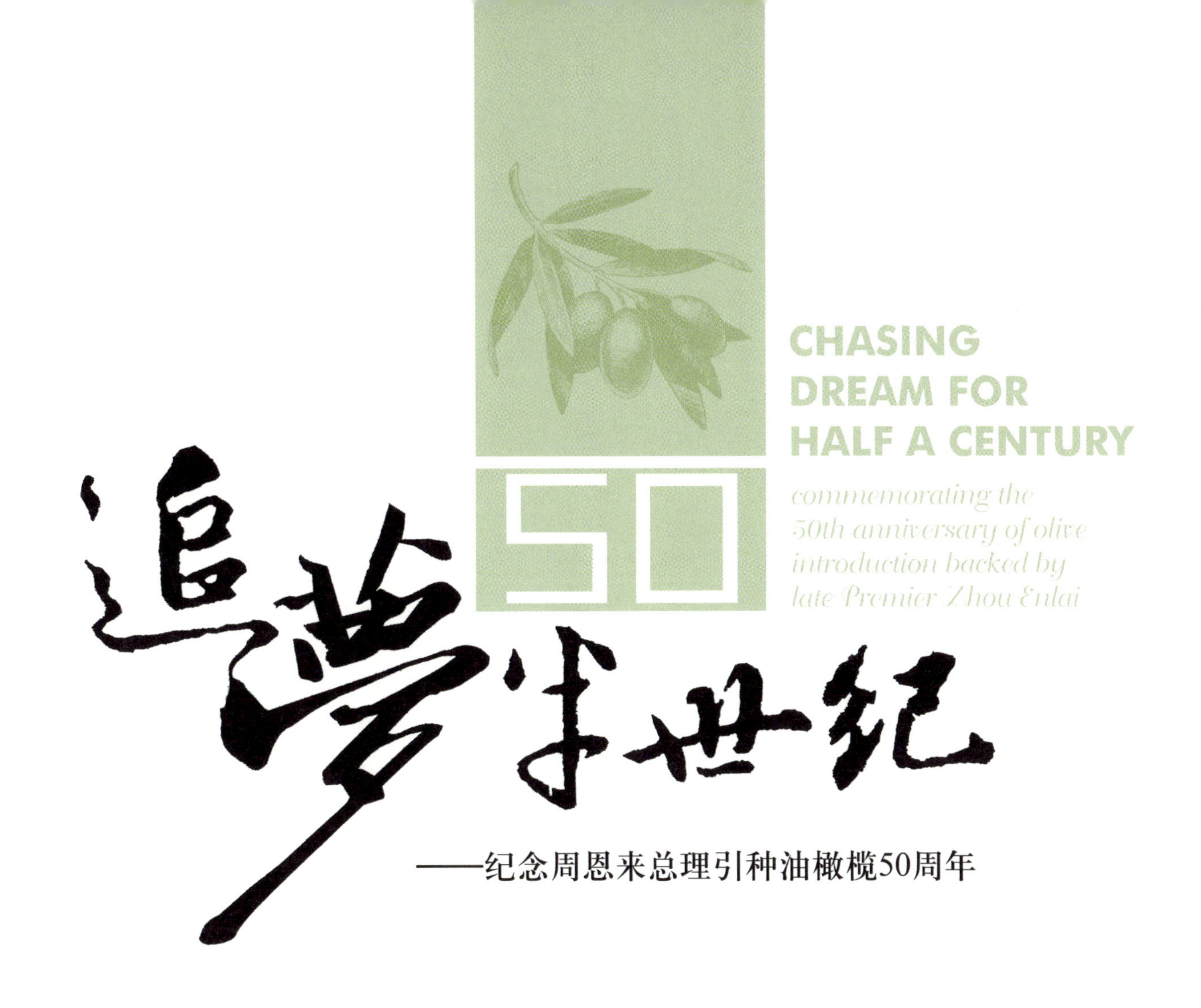

中国经济林协会油橄榄分会 编

中国林业出版社
CFPH China Forestry Publishing House

图书在版编目（CIP）数据

追梦半世纪：纪念周恩来总理引种油橄榄50周年 /中国经济林协会油橄榄分会编. -- 北京：中国林业出版社, 2021.1
ISBN 978-7-5219-1034-6

Ⅰ. ①追… Ⅱ. ①中… Ⅲ. ①周恩来（1898-1976）－生平事迹－画册②油橄榄－引种－中国－画册 Ⅳ. ①K827=7②S565.702.2-64

中国版本图书馆CIP数据核字(2021)第028920号

审图号：GS（2020）5718号

出　版　中国林业出版社
（100009　北京市西城区刘海胡同 7 号）
网　址　http://www.forestry.gov.cn/lycb.html
发　行　中国林业出版社
电　话　(010) 83143630　83143575
印　刷　北京中科印刷有限公司
版　次　2021 年 1 月第 1 版
印　次　2021 年 1 月第 1 次
开　本　889mm × 1194mm　1/12
印　张　13
字　数　120 千字
定　价　150.00 元

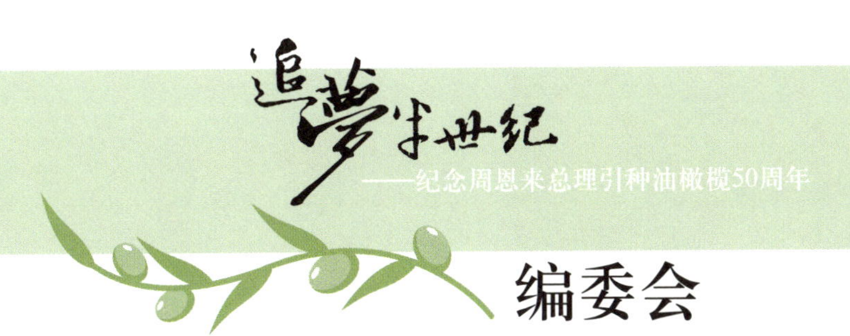
追梦半世纪
——纪念周恩来总理引种油橄榄50周年

编委会

追梦半世纪

——纪念周恩来总理引种油橄榄50周年

前言

"中国梦是历史的、现实的，也是未来的；
中国梦是国家的、民族的，也是每一个中国人的。"
——习近平主席语

毕生为人民服务的周恩来总理积极倡导引种油橄榄。他于1964年3月3日在昆明海口林场亲手种下了一株来自阿尔巴尼亚的油橄榄树苗，同时便在无数人的心中种下了一个美好的愿望，一个美丽的梦想——让这种在遥远的异国、为他乡文明做出重大贡献的植物，也为我们古老民族的生活和健康做出新贡献。于是，我们一代代油橄榄人张开了热忱的臂膀，欢迎这姗姗来迟的古老、神奇的树种。

光阴荏苒，50年过去了。油橄榄在中国经历了探索发展、挫折沉寂和再次启程的发展历程。我们编此画册，是想用一个个瞬间串起半个世纪不平凡的光影，将其真实地展现给读者。我们也想以此怀念前辈，激励今人，传承子孙 。

画册中有故事、有人物、有风景，有笑、有泪，还有梦！

感谢无私提供这些珍贵影像资料的人们，它们极大地丰富了画册的内容。由于时间跨度较大，有些当事人已离我们而去，有些已失去清晰回忆往事的能力。受当年客观条件的限制，画册的内容不甚完整，部分照片的质量不甚理想。但这些朴素无华的场景恰恰真实地记录了历史。我们希望读者不仅从画面本身，而且能够尝试着从其"背后"或多或少地体会发展我国油橄榄事业的意义，以及众多坚韧不拔的"追梦人"所经历的艰难和不可撼动的信念。

感谢在中国油橄榄这一朝阳产业奋力拼搏、孜孜以求的企业家们无条件地赞助本画册的出版。

由于编者水平有限，条件有限，也许会遗漏一些重要瞬间，有些照片的说明可能不够准确，恳请谅解，并欢迎大家提供补充资料，斧正文字。

中国经济林协会油橄榄分会
《追梦半世纪——纪念周恩来总理引种油橄榄50周年》编委会
2015年6月20日

目录

前言

上篇　寻梦起步（1964—1988）

- 缘梦油橄榄 / 3
- 广种友谊树 / 10
- 有力的推手 / 16
- 科研进展 / 39

下篇　走进晨光（1989—2014）

- 再次启程 / 63
- 领导关怀 / 77
- 技术交流 / 81
- 阶段成果 / 108
- 人物特写 / 139
- 任重道远 / 142

参考文献 / 145

附录　“纪念周恩来总理引种油橄榄50周年”活动纪实 / 146

后记 / 150

上篇

Follow the Dream

1964—1988

在周恩来总理的亲自倡导下，我国政府于 1964 年开始规模引种油橄榄。这是我国从不同气候区引种木本植物的史无前例的举措，是以前期的物质、技术、人才准备为基础的重大决策。

1959 年 11 月 23 日，时任农业部、高等教育部顾问的邹秉文教授，凭借他长期在联合国粮农组织（FAO）的工作经历和掌握的大量资料，向农业部部长廖鲁言提交了“在我国有计划引种试验油橄榄”的建议报告。也就是在这份报告中，邹秉文教授将“Olive”定名为“油橄榄”。

本画册上篇记录了从 1964 年 3 月 3 日周恩来总理在昆明海口林场种植油橄榄开始，到 1988 年底 FAO 一期项目最后一批考察团回国为止的油橄榄发展历程，尽可能多地选取反映当时历史事件的照片，配合几幅说明性的图表，希望相对形象地再现这段跌宕起伏的油橄榄引种历史。

在这 25 年里，定植的油橄榄株数逐年增加，从 1964 年引进的 1 万株，1973 年 7 万余株，1977 年 36 万株，1978 年汉中会议统计为 500 万株，1979 年 1700 万株，到 1980 年已达 2300 多万株，分布在 16 个省（自治区、直辖市）。但到 20 世纪 80 年代末期，受经济体制、适生区、品种选择、栽培技术及加工等因素的影响，油橄榄树锐减到不足 10 万株。

然而，这 25 年绝非虚度，既有失败的教训，又有成功的经验。它为 20 世纪 90 年代的“再次启程”奠定了品种和技术基础，尤其是专业技术人才基础。这些人才成为我国油橄榄产业再次“爬坡式”前进的中坚力量。

1963年12月底至1964年1月初，周恩来总理和陈毅副总理兼外交部长率团访问阿尔巴尼亚。阿尔巴尼亚劳动党中央第一书记恩维尔·霍查和部长会议主席穆罕默德·谢胡决定赠送1万株油橄榄苗木给中国，以示感谢中国政府长期的经济援助。

1963 年 12 月 31 日，阿尔巴尼亚劳动党中央第一书记恩维尔·霍查（中间站立者）在地拉那“游击队宫”举行晚宴，欢迎周恩来、陈毅到访。

（新华社记者杜修贤　摄）

1964 年 2 月 18 日，阿尔巴尼亚政府赠送给中国政府的 10680 株油橄榄苗木和 40 公斤 * 油橄榄种子由发罗拉号轮船运抵广东湛江港。随船到达的还有阿尔巴尼亚农业部总工程师伊利亚 • 纳科和油橄榄栽培专家贝特里 • 罗曼尼。

（李聚桢　供图）

* 1 公斤 =1 千克，下同。

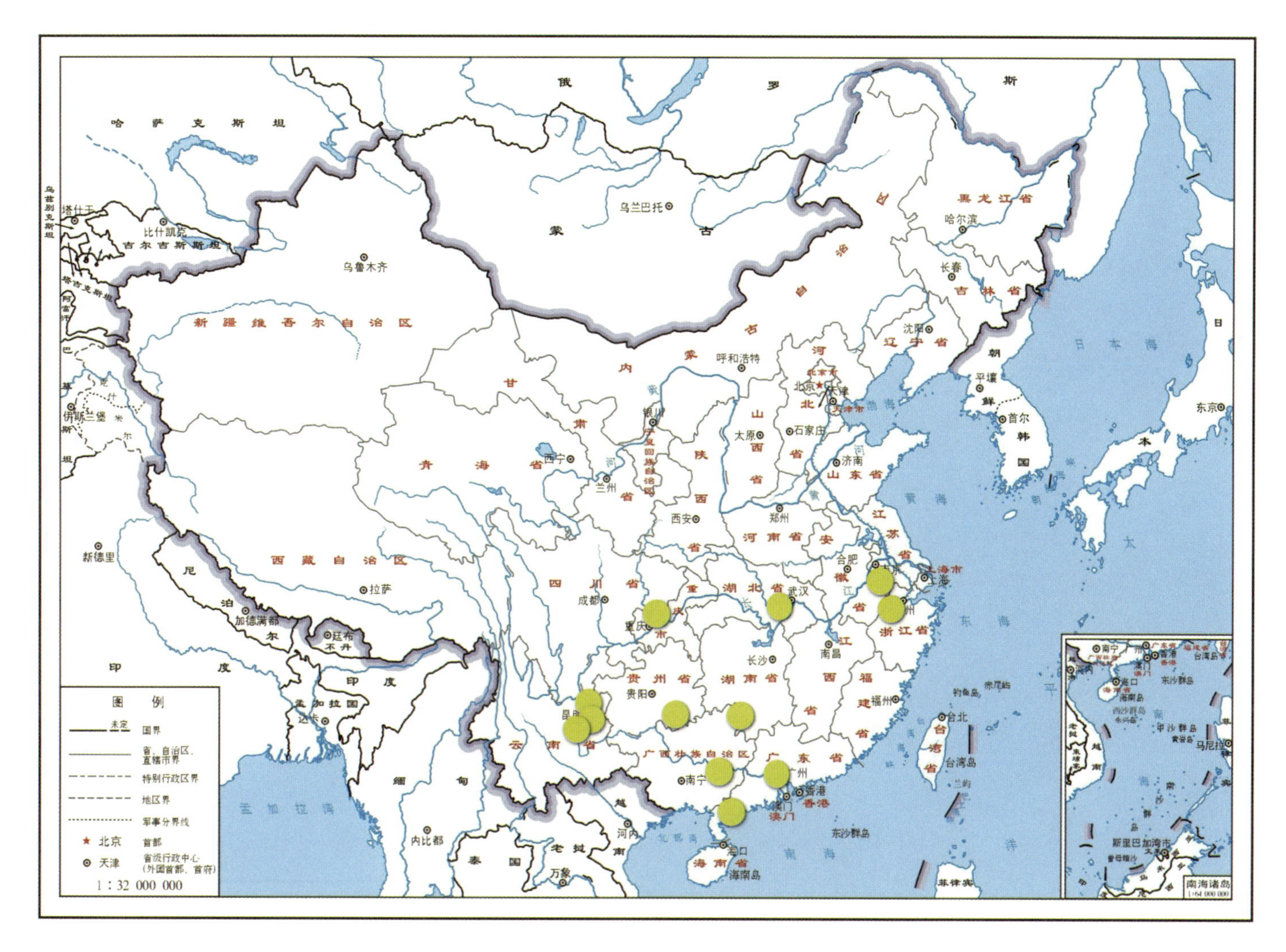

从发罗拉号轮船上卸下的5个品种（‘米扎’‘佛奥’‘爱桑’‘卡林’‘贝拉’）共10680株4年生油橄榄苗木，被分别运往全国8个省份12个试验点定植。即：

1. 重庆市歌乐山林试场
2. 云南省昆明市海口林场
3. 云南省林业科学研究所
4. 中国科学院昆明植物研究所
5. 贵州省独山林场
6. 广西柳州三门江林场
7. 广西桂林林业试验站
8. 中国科学院南京植物研究所
9. 湖北省林业科学研究所
10. 浙江省富阳亚热带林业试验站
11. 广东省湛江地区林业科学研究所
12. 广东省清远县林业科学研究所

1964年3月3日，周恩来总理亲手在云南昆明海口林场种下一株油橄榄树苗。阿尔巴尼亚农业部总工程师伊利亚·纳科（右二）、油橄榄栽培专家贝特里·罗曼尼（右一）、中国林业部国营林场管理总局副总局长刘琨（右三）一起参加了植树。

（新华社记者杜修贤 摄）

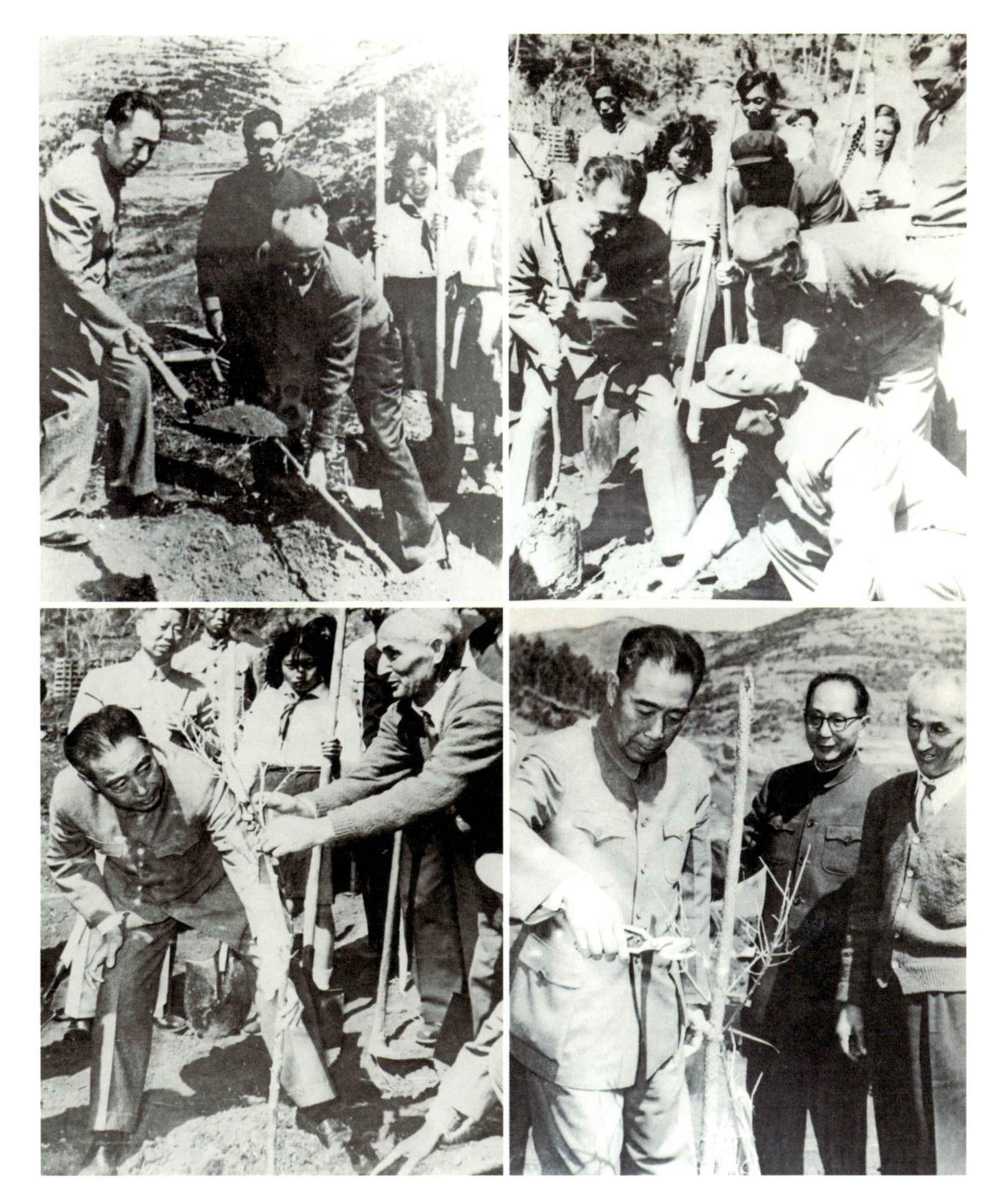

1964 年 3 月 3 日，周恩来总理在云南昆明海口林场在阿尔巴尼亚专家的指导下亲手种下了一株油橄榄树苗，并嘱咐林场有关人员："一定要种好、管好油橄榄。要过好成活、生长、开花结果、高产稳产、传种接代五关。"

（云南昆明海口林场　供图）

栽树后，周恩来总理招呼在现场参加植树劳动的昆明市十八中学的部分少先队员一起拍照留念。他清楚，这是她们的事业，是造福子孙后代的事业。

（云南昆明海口林场　供图）

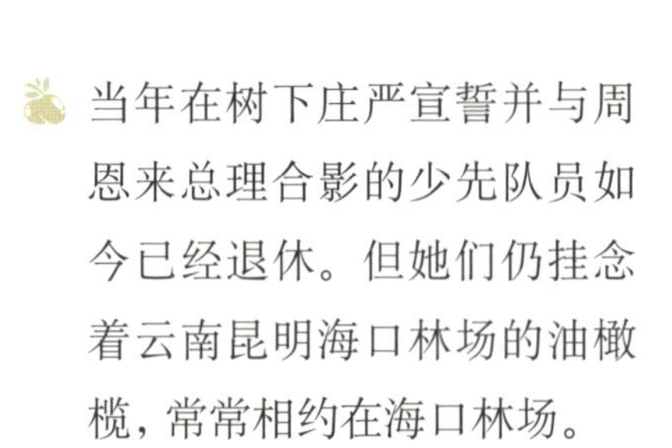

当年在树下庄严宣誓并与周恩来总理合影的少先队员如今已经退休。但她们仍挂念着云南昆明海口林场的油橄榄，常常相约在海口林场。

（云南昆明海口林场　供图）

1966 年 4 月 28 日，阿尔巴尼亚劳动党中央委员会政治局委员、部长会议主席穆罕默德·谢胡（后排站立右七）率阿尔巴尼亚党政代表团来华访问，第一站便来到云南昆明海口林场。贵宾们在这里挥锄劳动，并为一株中阿友谊树——油橄榄松土、除草，树立样板。贵宾们对林场职工两年来精心管护油橄榄树，使中阿友谊树枝繁叶茂表示满意。陪同参观的有外交部副部长章汉夫、中国驻阿尔巴尼亚大使许建国以及云南省党、政、军负责同志闫红彦、周兴、李成芳等。最后，穆罕默德·谢胡在抚育管理后的样板树前与林场职工合影留念。

（李聚桢　供图）

广种友谊树

Planting friendship trees

在周恩来总理的倡导下，各地鼓足干劲、全力以赴地种植、管护、研究油橄榄树，掀起了一股油橄榄热潮。

（云南昆明海口林场　供图）

1973—1975年，中国科学院昆明植物研究所建起了油橄榄品种园（25亩*，320株，82个品种，第一、第二行为主栽品种‘佛奥’），1982年获得丰收，产果3500余公斤，榨油500余公斤。

（中国科学院昆明植物研究所　供图）

* 1亩=667米²，下同。

1979年11月，湖北省林业科学研究所职工在武昌九峰油橄榄试验园采收油橄榄果。

（邓明全　供图）

1976年，云南昆明海口林场油橄榄丰收景象。

（杨卫明　供图）

1980年，云南昆明海口林场油橄榄丰收景象。这株‘佛奥’产果158公斤。

（云南昆明海口林场　供图）

1980年，云南昆明海口林场1964年定植的油橄榄喜获丰收，有445株结果，共收鲜果10 300公斤，平均每株产果23公斤，单株产果100公斤以上的有15株。其中，占总结果株数23%的102株‘佛奥’的产量占了总产量的63%，最高单株产果158公斤。这是林场职工纪念丰收的合影。

（云南昆明海口林场　供图）

云南省林业科学研究所 1964 年定植的‘佛奥’优株（丰 2）1970 年产果 62.27 公斤，1980 年产果达 213 公斤，创全国最高单株产果记录。此照片摄于 1970 年。

（云南省林业科学研究所　摄；施宗明　供图）

1981 年，昆明市油橄榄栽培技术现场交流会参会人员在昆明植物研究所油橄榄园参观后合影。

（施宗明　摄）

1982 年，中国科学院学部委员、中国科学院昆明植物研究所所长吴征镒（左二）在所内油橄榄园中一株结实累累的‘佛奥’前与管理人员合影。

（李云　供图）

有力的推手

Pushing forward

1972年5月，阿尔巴尼亚政府根据中阿科技合作协定，派遣了以农业部果树首席专家季米尔·姆乔为组长的专家组一行3人，来华帮助解决油橄榄病虫害防治、栽培、经营管理等问题。专家组在湖北、湖南、广西、云南等省（自治区）进行了调查研究，并在柳州、桂林、昆明3个引种点举办了油橄榄学习班。参加学习的有13个省份油橄榄种植点的技术人员、工人、干部等100多人，历时3个多月。

专家考察云南昆明海口林场。

（云南昆明海口林场　供图）

专家现场讲解树体管理方法。

专家现场讲解苗木定植要求。

生长调查示范。

农药配制示范。

（云南昆明海口林场　供图）

1972年5月，阿尔巴尼亚专家组一行3人在农林部林业局处长李石刚（站立第一排左二）和云南省林业厅副厅长侯保锐（站立第一排右一）等有关单位领导陪同下考察中国科学院昆明植物研究所元江引种站。

（施宗明　摄）

1972年5月，阿尔巴尼亚专家在元江引种站一株以‘尖叶木樨榄’（*Olea cuspidata* Wall.）作砧木的‘卡林’（Kaliniot）品种幼树前合影留念。

（施宗明　摄）

在法国科西嘉（上图）和意大利南部（中图）考察。考察组由领队黄枢（上图右五），组员徐纬英（上图左四）、李聚桢（上图右二）、陈惠林（上图右三）、许道英（上图左六）、贺善安（下图右四），以及法文翻译徐锦源（上图右一）、西文翻译王秉勇（下图左一）组成。布代尔先生（上图左一）和美尼尼先生（上图右四）陪同。

（贺善安　摄）

考察组在西班牙科尔多瓦与油橄榄研究所的专家交流后的合影。

（李聚桢　摄）

1979 年 9 月 26 日至 10 月 19 日，由 FAO 植物生产和保护处官员美尼尼（U. Menini）（右下图前排左四）、法国克莱蒙佛朗生物气候研究所所长尼贡 (J. Nigong)（右下图前排左三）、意大利比萨大学油橄榄专业教授维他格廉诺 (C. Vitagliano)（右下图前排左二）以及意大利那不勒斯大学果树栽培学教授索可尼 (F. Zuconi)（右下图前排左六）组成的 4 人专家组考察了云南昆明、四川重庆、陕西汉中和湖北武汉的油橄榄情况，撰写了《中国油橄榄生产发展》的报告，认为中国是潜在的油橄榄发展大国。左上图和右上图为在云南昆明考察油橄榄苗圃，左下图和右下图为在湖北省林业科学研究所考察。

（李聚桢　供图）

1979 年 10 月，法国克莱蒙佛朗生物气候研究所所长尼贡（J. Nigong）（右一）和徐纬英研究员（中）在陕西汉中城固考察油橄榄引种、栽培以及开花结实情况。

（淡克德　供图）

1979 年 10 月，FAO 专家组在城固考察，对油橄榄的生长、结实和发展情况深感高兴和满意。

（淡克德　供图）

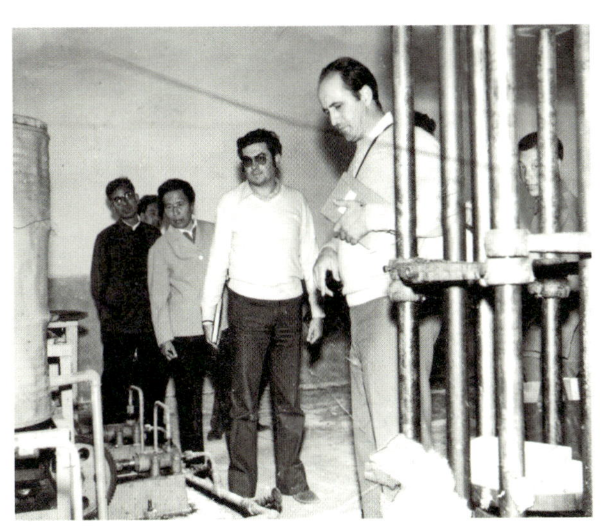

1979 年 10 月，徐纬英研究员陪同 FAO 专家组考察城固县油橄榄场 1978 年自行研制的榨油机及其运行情况。

（淡克德　供图）

1979 年 10 月，FAO 专家组与中国林业科学研究院徐纬英研究员等来到陕西汉中城固，与汉中市、城固县领导共同研讨、交流油橄榄引种、栽培、加工及产业发展。左起：徐纬英、尼贡、罗曼佳（翻译）、美尼尼、汉中市领导、维他格廉诺、索可尼和城固县领导。

（淡克德　供图）

FAO 一期项目于 1982 年在湖北省启动。图为项目配套的实验楼（左图）和专家公寓（右图）。

（湖北省林业科学研究所　供图）

FAO 一期项目基本建设部分：玻璃温室（左图）和健化棚（右图）。

（吕翼　摄）

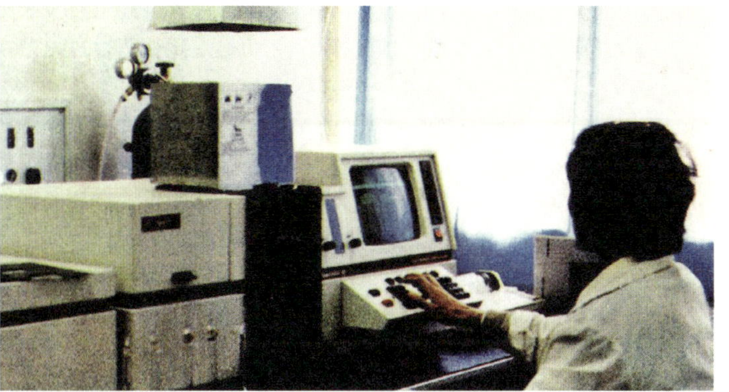

FAO 一期项目基本建设部分：气象站（左图）和包括原子吸收分光光度计（右图）的整套相关分析仪器。

（吕翼　摄）

扦插育苗。

健化苗木，绑缚幼苗。

幼树整形。

喷药防治病虫害。

（吕翼　摄）

1983—1988 年，意大利政府提供奖学金，为我国举办了 4 期培训班，每期 10 人。图为一期全体学员 1983 年 1 月 15 日抵达罗马时在中国驻 FAO 代表处院内的合影。前排左起：王树清、况泽琴、彭雪梅、衡文华、金亚先。后排左起：邓明全、黎先进、张植中、章树文、杨新民（意文翻译）。

（邓明全　供图）

1983年春，一期培训班学员见到的新建园整地实例：新建园位于意大利东南部的普利亚大区巴里省，占地150公顷。园主采取分期分批建设的策略。首先把表土集中堆积（远处深色），然后深翻母质（富含钙质），施肥，再回填表土。

（邓明全　供图）

1978年规范整地后定植的橄榄园在1983年开始进入盛果期。

（邓明全　供图）

1983年2月在意大利佩鲁贾，一期培训班学员的实习科目是培养单锥形树体。图为4米×5米的橄榄园修剪前的情形，品种为‘莱星’和‘佛奥’。

（邓明全　供图）

橄榄园修剪后的情形。

（邓明全　供图）

1983年12月，意大利油橄榄专家专程来陕西汉中城固，与城固县领导及科技人员共同研讨、交流油橄榄引种选种和丰产栽培技术。

（淡克德　供图）

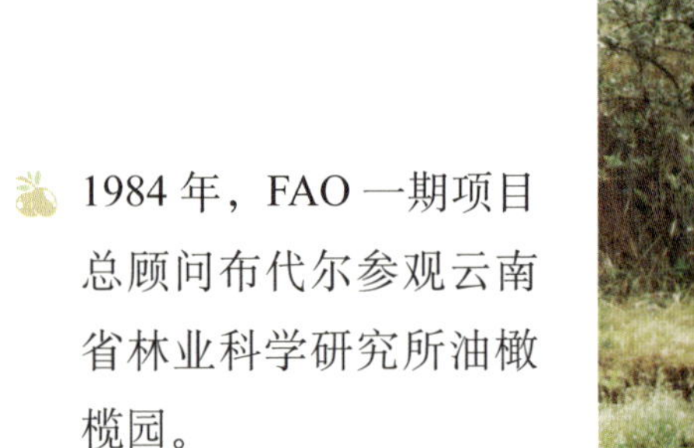

1984年，FAO一期项目总顾问布代尔参观云南省林业科学研究所油橄榄园。

（张植中　供图）

1984年，意大利佩鲁贾大学油橄榄栽培、育种专家丰塔纳查（G. Fontanazza）教授（右四）参观云南省林业科学研究所。

（张植中　供图）

为了执行我国与 FAO 和意大利政府签署的《发展油橄榄生产项目》，油橄榄考察组一行 6 人于 1984 年 10 月 25 日至 12 月 1 日赴意大利、希腊对油橄榄栽培、实验室、苗圃、农业机械、榨油及果品加工等进行了专题考察。图为考察组在希腊柯夫岛参观农庄油橄榄榨油厂。

（吴方华　供图）

1984 年 9 月 20 日，意大利油橄榄专家丰塔纳查（G. Fontanazza）在陕西汉中城固油橄榄场做修剪示范。图为一株进入盛果期的‘佛奥’修剪前（左图）和修剪后（右图）的状况。

（邓明全　供图）

1984年11月15日至1985年2月14日，赴意大利第二期培训班在Pistoia省Cesafrol合作社举办。图为学员在罗马的合影。前排左起：杨凤云、李焱春、李聚桢、淡克德、李木、蔡志辉。后排左起：李赞武、姚子允、刘洪存。

（李聚桢　供图）

学员在课堂上学习讨论的情景。左起：授课老师、小布鲁斯基（Cesafrol合作社社长之子）、杨凤云、李聚桢、李焱春、刘洪存、姚子允、李赞武、李木、淡克德。

（李聚桢　供图）

1985 年 1 月，赴美国油橄榄考察组组长、湖北省林业厅副厅长蔡大干与美国加州大学戴维斯分校哈特曼教授交谈。

（陈惠林　摄）

1985 年，意大利专家丰塔纳查（G. Fontanazza）（左）与中国林业科学研究院专家邓明全（中）、王笑山（右）在陕西汉中城固油橄榄场讨论技术问题。

（肖剑　供图）

1985 年 4 月,FAO 驻中国代表处代表卡南先生(左五)在湖北省林业科学研究所检查项目执行情况。

(吕翼　摄)

1985 年 5 月，布代尔先生（右二）在湖北省郧县现场讲授油橄榄栽培和管理技术。

(吕翼　摄)

1985 年，南斯拉夫油橄榄专家（右一）考察云南省林业科学研究所油橄榄试验园。

(张植中　供图)

1986 年 5 月，果树栽培专家费奥里诺（左二）、繁殖育种专家法贝里（左三）在湖北省武汉市江夏区考察。

(吕翼　摄)

1985年8月，应中国科学院昆明植物研究所邀请，FAO一期项目总顾问布代尔（上图后排左三，下图左三）在中国科学院昆明植物研究所外事处处长管开云（上图后排左一）陪同下考察云南宾川、永胜。上图为在宾川县林业局油橄榄园与有关人员合影。下图为在永胜县期纳林业管理所油橄榄树前与有关人员合影。

（中国科学院昆明植物研究所　供图）

1986年，我国赴意大利第三期培训班学员与意大利油橄榄专家在油橄榄园中合影。

（高峰　摄）

意中友好协会佛罗伦萨分会主席姜卡洛·兰迪夫妇到住地看望培训班学员。

（刘祥国　摄）

1986 年 5 月，植物营养专家特隆科索（左二）和 FAO 一期项目总顾问布代尔先生（右二）在湖北当阳考察。

（吕翼　摄）

1986 年 6 月 2～6 日，FAO 项目办公室邀请外国专家讲学，内容涵盖世界油橄榄概况、油橄榄生物学特性及繁殖技术、油橄榄营养诊断及施肥、修剪及采收技术等。听课的有来自中国林业科学研究院以及四川、江苏、贵州、湖南、陕西及湖北的有关科研、生产单位和大专院校的科技人员 50 余人。图为项目总顾问布代尔先生在授课。

（李犁　摄）

1987 年 11 月，FAO 一期项目总顾问布代尔一行考察云南宾川、永胜等地油橄榄发展情况。左图为 FAO 专家组在宾川油橄榄园与有关人员合影。右图为专家组在永胜县政府大院与有关人员合影。

（张植中　供图）

1987 年 11 月，FAO 油橄榄考察组为准备二期项目，在徐纬英研究员的陪同下第二次考察云南适生区。图为考察组在中国科学院昆明植物研究所油橄榄园观察实生树作基砧、‘尖叶木樨榄’作中间砧嫁接‘佛奥’的情况。

（中国科学院昆明植物研究所　供图）

1987 年 1 月，以 FAO 一期项目总顾问布代尔（第二排右四）为首的 4 人专家组在中国林业科学研究院研究员徐纬英和绵阳市市长王金城（前排右四）等陪同下考察四川绵阳油橄榄发展情况，为二期项目做准备。

（吕翼　摄）

1988 年 5～8 月，中国赴意大利油橄榄第四期培训班在意大利农业部坎萨弗罗尔农业合作中心举办。图为学员在参观当地榨油厂时的合影。前排左起：谢茶禄、外籍教师、严绍会、杨本年。后排左起：蔡吉庆、外籍教师、杨顺祥、赵丽华、农场主、王守仁、外籍教师、喻美莲、陈辉、江文相。

（严绍会　供图）

科研进展

Progress in research and development

这一时期，虽然全国大部分引种地区都有生长、结实正常的油橄榄，但因忽视品种选择，不掌握栽培技术，大量油橄榄树出现落叶、烂根、易感病虫、无花无果的现象。通过不断学习和经验积累，油橄榄科技工作者克服种种困难，在育种、育苗、丰产栽培和加工等方面取得了不同程度的进展。

育种

1976年，云南省林业科学研究所的科研人员在做‘尖叶木樨榄’（♂）与‘佛奥’（♀）杂交试验。试验选育出‘云杂1号’‘云杂3号’和‘云杂4号’3个杂交后代。

（杨卫明　供图）

云杂系列普遍表现出对气候、土壤更强的适应性、抗性。遗憾的是，该项育种工作中断了。

（宁德鲁　供图）

‘鄂植 8 号’是湖北省植物研究所从油橄榄种子繁殖的实生群体中选出的优异单株。适应性强，在不同引种区的气候和土壤环境中均能生长、开花、结果。结果早，较耐寒，病虫害少。树体低矮，长势偏弱，枝干软，新梢和结果枝生长下垂，树冠自然开心形（左图）。果实较大，成熟期中等，受阳光直射的表皮先着胭脂红色（右图），鲜果含油率 13%～16%，油质中上。

（俞宁　摄）

‘城固 32 号’是江苏省植物研究所在南京从油橄榄‘柯列’（沿用原文称谓）品种种子繁殖的实生群体中选出的优异单株（左图）。1965 年，陕西省汉中市城固县柑橘育苗场引种试种，1977 年入选。‘城固 32 号’对不同的气候和土壤适应性强，病虫少，结果早，成熟期早，稳产性较好（右图）。

（邓明全　供图）

‘九峰 4 号’是 FAO 一期项目确定发展的品种，为油橄榄种子繁殖实生群体中选择出的优异单株，1976 年入选。果油两用。树体长势偏弱，10 年生树高平均 3.3 米，主干粗（离地 30 厘米处干的横径）13.0 厘米，冠幅 3.0 米 ×2.8 米。树冠自然圆头形，新梢直立伸展，枝叶密。繁殖生根率高，根系发达。对高温潮湿气候及微酸性黏土适应性强。叶和果的病害少。树体小，健壮，适宜密植，除直接生产用外，还是优良的砧木，但其丰产性状不稳定。选择适应性强、自孕率高、丰产稳产的优良单株集约栽培，适合农户栽种。

（吕翼　摄影）

‘九峰 6 号’是由油橄榄品种混合种子繁殖实生群体中选出的优异单株。1976 年，在九峰山湖北省林业科学研究所油橄榄试验园入选。树势中等，新梢生长势强，结果枝下垂。树冠自然开心形，枝条分布均匀，自然透光好。适应性强，耐旱。‘九峰 6 号’无性系株间性状仍有分离，生长和结果不够稳定。

（俞宁　供图）

‘中山24号’是江苏省植物研究所由苏联引进的‘阿斯’种子繁殖的实生群体中选出。1966年入选，1969年开始推广。‘中山24号’果油两用，鲜果含油率23.6%，油质中上，果肉率85.6%。长势强壮，树体中等，树冠自然圆头形，枝叶茂密，新梢直立生长，结果枝下垂。‘中山24号’扦插繁殖生根率高，根系发达，生长适应性强，在高温潮湿的气候和黏土上仍能正常生长。该无性系的经济性状变异大，结果不稳定。生产上利用其适应性强、根系发达、长势壮的特点作砧木。

（俞宁　供图）

育苗

科研人员对不同油橄榄品种的扦插繁殖条件如插壤的组成、生长激素的浓度、温度和湿度的控制等进行了研究，取得了比较理想的效果。

（张植中　供图）

丰产栽培

‘尖叶木樨榄’果枝。‘尖叶木樨榄’（*Olea ferruginea* Royle.=*Olea cuspidata* Wall.）在我国广泛分布于西南干旱河谷地区。

（施宗明　摄）

1971年，生长于四川木里县泥瓦乡小金河边的‘尖叶木樨榄’。图中右一为凉山彝族自治州林业科学研究所副所长杨凤云。

（凉山彝族自治州林业科学研究所　供图）

20 世纪 70 年代，云南省林业科学研究所开展了一系列栽培试验。左图为测量根系生长，右图为测量高生长。

（张植中　供图）

1981 年，中国林业科学研究院林业研究所专家王笑山在陕西汉中城固油橄榄种植场做授粉试验。试验结果对油橄榄建园的授粉树配置有指导意义。

（王笑山　供图）

奖状

0011693

为表扬在我国科学技术工作中作出重大贡献者，特颁发此奖状，以资鼓励。

受　奖　者：云南省林业科学研究所油橄榄试验组

完成的成果：油橄榄栽培技术的研究

全国科学大会

一九七八年

1978年，云南省林业科学研究所油橄榄试验组完成的“油橄榄栽培技术研究”成果获全国科学大会奖。

（张植中　供图）

1981年，四川省凉山彝族自治州林业科学研究所油橄榄示范园喜获丰收。1975年定植的167株嫁接苗（品种32个，全部为‘尖叶木樨榄’砧，后简称“尖砧”）平均单株产果7.55千克。

（杨凤云　供图）

四川省西昌市河西公社三大队九队1975—1976年定植的433株尖砧嫁接苗（品种6个，以‘佛奥’‘莱星’为主），1980年平均单株产果6.31千克，1981年平均单株产果14.71千克。

（杨凤云　供图）

1982 年，中国科学院昆明植物研究所 1973 年定植的尖砧‘佛奥’单株产果 41.2 千克。

（施宗明　摄）

云南昆明海口林场 1970 年定植的尖砧‘佛奥’优株，1974—1982 年 9 年平均单株年产鲜果 21.83 千克。图为 1980 年结实状。

（施宗明　摄）

荣誉证书

为表扬在我省一九八三年度科学技术工作中作出貢献者，特頒发此証书，以資紀念。

受奖项目：油橄榄佛奥品种引种栽培成功

完成单位：中国科学院昆明植物研究所　云南省林科所
昆明海口林场　云南省种苗站

奖励等级：科研三等奖

云南省人民政府

一九八四年九月

1983年，中国科学院昆明植物研究所、云南省林业科学研究所、云南昆明海口林场、云南省种苗站4家单位因油橄榄‘佛奥’品种引种栽培成功获云南省人民政府颁发的“科研三等奖”。

（施宗明　供图）

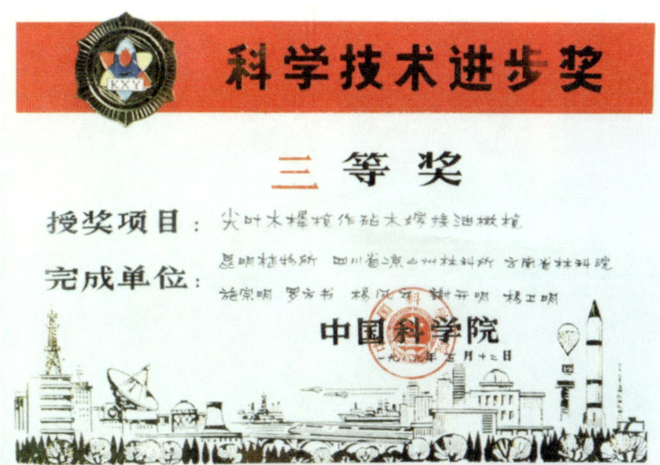

科学技术进步奖

三等奖

授奖项目：尖叶木樨榄作砧木嫁接油橄榄

完成单位：昆明植物所 四川省凉山州林科所 云南省林科院

施宗明 罗方书 杨凤云 谢开明 杨卫明

中国科学院

一九八九年五月十二日

中国科学院昆明植物研究所、四川省凉山彝族自治州林业科学研究所和云南省林业科学研究所的科研人员经多年试验，证明以‘尖叶木樨榄’为砧木嫁接‘佛奥’等栽培品种尽管出现“小脚”（即接穗母株干径大于砧木干径）的现象，但可有效改善适应性，也具有较好的丰产性状。为此，以施宗明、罗方书、杨凤云、谢开明和杨卫明为骨干的3家单位联合申报的“尖叶木樨榄作砧木嫁接油橄榄”项目于1989年5月12日获中国科学院科技进步三等奖。

（杨卫明　供图）

交流与推广

1975 年，全国油橄榄座谈会在重庆北培召开。

（李聚桢　供图）

1978 年，在昆明市东川县，云南省林业科学研究所张植中（左一）和李福绵（左二）在油橄榄扦插嫁接学习班上讲课，培训农民技术员。

（章光旭　供图）

1985 年 9 月 7 日，川西北第十一届油橄榄科研协作会在四川省德阳市中江县召开。

（肖剑　供图）

1985 年 11 月 18～22 日，林业部造林司和中国林业科学研究院林业研究所联合在四川省重庆市南川县召开“全国油橄榄适生区讨论会”。参加会议的有四川、云南、贵州、湖北、陕西、湖南、江苏、江西、甘肃 9 个重点省和三峡省筹备组的代表，会议还邀请了 FAO 一期项目总顾问布代尔先生（前排右九），中国粮油食品进出口总公司、北京农业大学、云南大学、昆明植物研究所、武汉植物研究所、西北植物研究所和江苏植物研究所等单位代表共 66 人。

（张植中　供图）

1981年，云南省林业科学研究所实验人员曾芳群在进行橄榄油品质检测。

（杨卫明　供图）

云南省林业科学研究所自研的糖水罐头、蜜饯、盐焗罐头、盐焗发酵青果罐头、油橄榄蘑菇火腿罐头及油橄榄标本。

（张植中　供图）

凉山彝族自治州林业科学研究所职工在制作餐用油橄榄产品。

（凉山彝族自治州中泽新技术开发有限责任公司　供图）

早期四川制造的老式榨油机的工作场景。

（凉山彝族自治州中泽新技术开发有限责任公司　供图）

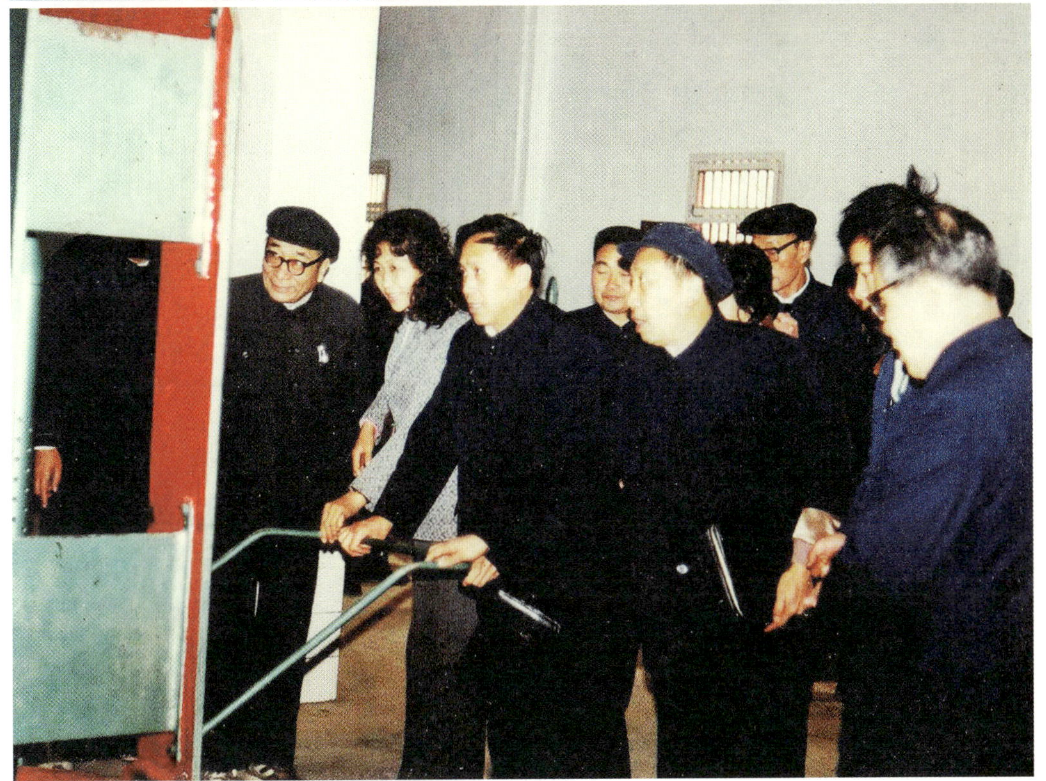

1985年11月，参加完南川会议后，林业部副部长梁昌武（下图左一）赶往四川省绵阳市三台县油橄榄榨油厂参加落成仪式，陪同前往的有造林司经济林处处长李聚桢（下图左三），中国林业科学研究院林业研究所副所长徐纬英（上图右二）和三台县油橄榄科研服务公司经理王守仁（下图左四）等。

（王守仁　供图）

云南省林业科学研究所自行研制的油橄榄刺果机（左图）及刺果效果(右图)。

（马文嵩、马莉仙　供图）

中国科学院昆明植物研究所 20 世纪 80 年代生产的橄榄油。

（施宗明　摄）

中国科学院昆明植物研究所 20 世纪 80 年代生产的油橄榄袋装蜜饯。

（施宗明　摄）

1984 年 8 月，国家科学技术委员会在湖南长沙举办“全国农副产品加工、贮藏和保鲜技术贸易会”，中国科学院昆明植物研究所对公众展出油橄榄果枝样品、橄榄油（左图）和油橄榄蜜饯（右图）。

（李云　摄）

到 1980 年，全国定植的油橄榄树已达 2300 多万株，分布在四川、湖北、江西、贵州、陕西、湖南、云南、福建、广西、江苏、浙江、安徽、上海、广东、河南、甘肃等 16 个省（自治区、直辖市）。其中：四川 1100 万株，湖北 720 万株，江西 213 万株，贵州 103 万株，陕西 80 万株。1986 年获历史最高产量——182 吨鲜果，其中，82% 产自四川。然而，经历了联产承包和经济转型初期，到 20 世纪 80 年代末，全国油橄榄的总株数仅剩不足 10 万株！我国的油橄榄发展陷入深深泥沼，跌进茫茫黑夜。

下篇

走进晨光

The Dawn of Olive in China

1989—2014

追梦的脚步没有停止。

自1989年国家计划委员会立项“发展武都油橄榄生产”项目，以徐纬英为代表的“中国油橄榄人”在甘肃省陇南地区武都县的一处泥石流沟道上开始埋头打造大湾沟油橄榄示范园，历尽艰辛，一步步用事实证明了油橄榄在中国有适生区，有产业化发展前景。

25年里，各级领导怀着同样的梦，关注油橄榄，关心、指导引种示范，着力推进产业化。在追求油橄榄梦的历程中，得到了许多国际组织和友人的大力帮助，使我们的脚步迈得更稳、走得更快，由衷感谢他们的支持和帮助！

我们在努力选育良种的同时，改变传统栽培观念，初步形成了适宜中国生态条件的特色栽培技术体系。2013年，全国种植油橄榄1500万株左右，面积达到60万亩；鲜果产量约1.2万吨，产油1700吨，创造了历史最高纪录；研制开发出了食用橄榄油、餐用橄榄果、保健橄榄油软胶囊、橄榄茶、橄榄酒、系列化妆品和橄榄叶提取物七大类50多个产品；培育了一批油橄榄民族品牌；实现近6亿元年产值；在建设“美丽中国”的同时，为消费者提供了优质产品。

追梦半世纪，我们终于看到了中国油橄榄的晨光……

武都县汉王镇的油橄榄园定植于 1979 年，186 株，占地 12 亩。树苗来自陕西省汉中市城固县，以城固系列实生树为主。1986 年，该园的果实被送到城固榨油，恰逢在那里出差的中国林业科学研究院油橄榄专家邓明全。他随后专程到武都考察，发现这是一块中国油橄榄的希望之地。后经层层汇报，得到了时任中共中央政治局常委宋平同志的支持。1989 年，国家计划委员会立项“发展武都油橄榄生产”项目，在中国林业科学研究院神州油橄榄公司*的技术支撑下开始启动。同时，武都县为执行该项目设立了油橄榄工作站。从此，站长祁治林带领站里的职工开始了艰苦的创业，第一步就是建设大湾沟油橄榄示范园。

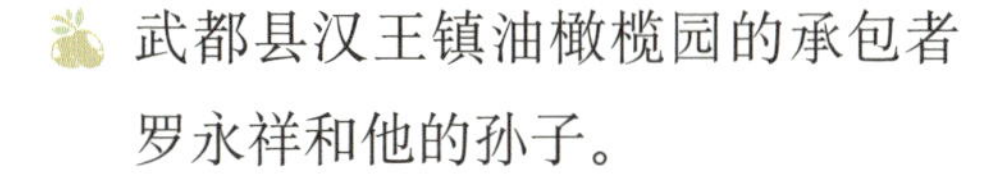

武都县汉王镇油橄榄园的承包者罗永祥和他的孙子。

* 以下简称“神州公司”。

（神州公司　供图）

武都县汉王乡林场油橄榄园历年产量

树龄（年）	年份	鲜果产量（千克）			
		全园（186株）	平均每株	平均每亩	平均每公顷
6	1984	1000	5.4	83.3	1249.5
7	1985	2000	10.8	166.7	2500.5
8	1986	3500	18.8	291.7	4375.5
9	1987	1500	8.1	125.0	1875.0
10	1988	6000	32.3	500.0	7500.0
11	1989	9850	53.0	820.8	12312.0
12	1990	2250	12.1	187.5	2812.5
13	1991	2000	10.8	166.7	2500.5

1990 年，武都县两水镇前村大湾沟是一条泥石流沟道（左图），还有几块弃荒地（右图），油橄榄示范园将在此建设。

（神州公司　供图）

1991年春，泥石流沟道被改造成平整的梯田，并在片麻岩的基质上铺了一层厚约20厘米的黄土（上图），工程量达23万米^3。1992年春开始定植油橄榄苗（下图），远处山脚下流淌着属长江水系上游的白龙江。

（神州公司　供图）

1990 年 10 月，中国林业科学研究院研究员徐纬英（左下图左三）带着武都县油橄榄站考察组赴四川省绵阳市三台县考察油橄榄种植和加工情况。三台县油橄榄科研服务公司经理王守仁（左下图左二）介绍了现状、发展思路。

（俞宁　摄）

20 世纪 80 年代，在 FAO 一期项目中主攻油橄榄苗木繁殖技术的湖北省林业科学研究所高级工程师彭雪梅（上图右三）承担了为大湾沟油橄榄示范园培育品种苗的任务。1991 年春，她亲自押车，把精心培育的 13 个品种共 1 万多株优质生根苗运到武都，并请徐纬英（上图右二）、邓明全（上图右一）验收。下图为油橄榄工作站的职工在给苗木装钵。

（俞宁　摄）

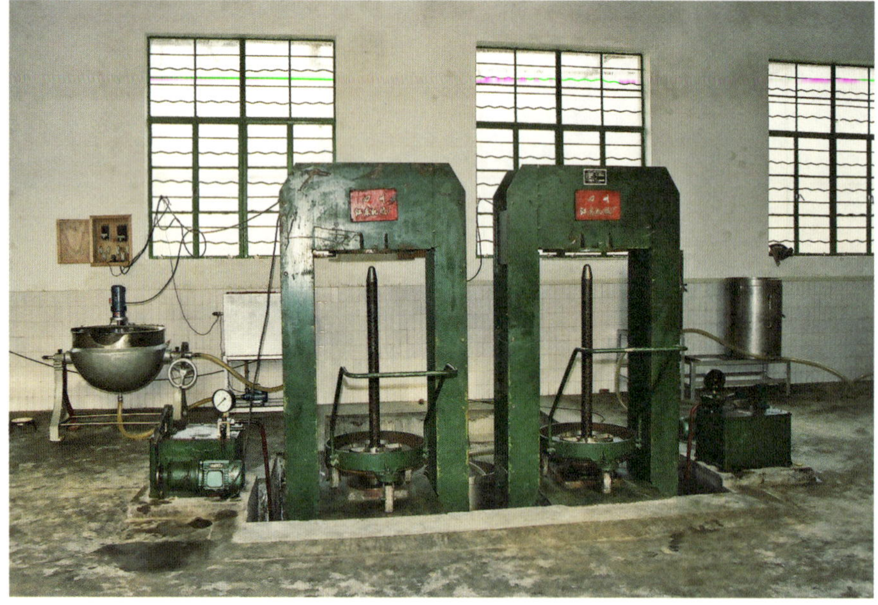

1991 年秋，北京农业大学食品科学系崔大同教授所率团队完成了国产榨油设备的配套、加工、组装、调试、生产，并经试验确定了工艺条件。其中，部分设备与油橄榄鲜果、果浆、橄榄油接触的零部件改换为不锈钢材质；验证了融合工序的重要性（融合后出油率提高了 3%）。

（神州公司　供图）

在安装设备的同时，为橄榄油加工厂配备了简单但必要的化验室（上图），培训了化验人员（下图）。

（神州公司　供图）

用国产设备榨出了符合国际标准的特级初榨橄榄油。

榨油季结束后，崔大同教授（中二）及团队还组织油橄榄站的职工对设备使用、保养及工艺做了细致总结。从此，武都所产的橄榄果一直就地加工，再也不需外运了。这套设备从 1991 年一直使用到 2002 年，直到 2003 年被进口连续式离心提取设备所取代。

（神州公司　供图）

作为国家计划委员会“发展武都油橄榄生产”项目的重要内容，普及油橄榄基础知识、培训专业技术队伍一直是神州公司的主要工作之一。1991 年秋，已经离休的徐纬英研究员亲自走上讲台（右图），向武都县的干部授课（左图）。

1992 年春，已经退休的油橄榄专家邓明全向武都县油橄榄工作站的职工示范油橄榄嫁接技术。

1994 年秋，邓明全（前右一）、武都县县长王忠孝（前左一）与武都县油橄榄工作站部分职工在大湾沟油橄榄示范园查看开始挂果的油橄榄幼树。

（神州公司　供图）

1995 年，大湾沟油橄榄示范园的景观（右图）与 1994 年时（左图）已大不相同。

（俞宁　供图）

1995 年秋，定植第四年的‘鄂植 8 号’（左图）和‘皮瓜尔’（右图）已硕果累累。

（徐文成　摄）　（邓明全　摄）

1995年秋，徐纬英（中）与陇南行署副专员辛心田（左一）、武都县县长王忠孝（右一）一起查看幼树结果情况。

（俞宁　摄）

1996年秋，陇南行署专员焦鸿钧（左二）、副专员周汉臣（右一）、徐纬英和武都县领导一起视察大湾沟油橄榄示范园。

（徐文成　摄）

1995年秋，大湾沟油橄榄示范园的测产工作开始进行（右起：马鹏飞、李友明、彭雪梅、俞宁）。园内台地上1467株油橄榄的单产持续统计了10年（1995—2004年），为主栽品种的选择积累了宝贵的基础数据。

（神州公司　供图）

1996年11月4日，陇南地区召集的由各局（处）、相关县乡负责人参加的现场会一隅。经统一认识，武都县1997年把油橄榄确立为支柱产业，1999年陇南地区把油橄榄产业确立为四个特色林果产业之一。

（神州公司　供图）

令人难以置信的是，大湾沟油橄榄示范园的2000多株油橄榄树从1992年定植到1999年二级提灌启用，是她们背着一桶桶水，一棵棵浇大的！我们切勿忘记以她们为代表的众多普通百姓也为我国油橄榄产业做出了不可磨灭的贡献！

（邓明全　摄）

上、下图分别拍摄于1996年和2005年，虽拍摄角度差别不大，但相隔近10年，景观迥异。事实上，这期间，武都区油橄榄定植面积已从几百亩发展到8万亩，产果500吨，榨油80吨。大湾沟油橄榄示范园的成功，既确立了其在我国油橄榄产业发展过程中的关键地位，也为四川、云南等“老”引种区送去了希望，发展油橄榄产业相继被提上日程。

（俞宁　摄）

领导关怀

Leaders' nurture

我国油橄榄产业的发展，离不开中央、地方各级领导的关心、支持。

1995年6月10日，时任中共中央政治局常委宋平同志致信中共甘肃省委书记阎海旺："七十年代我曾提倡在陇南河谷地带种植油橄榄，并从汉中地区引进一些种苗。后来听说引种是成功的，他们还带给我一瓶在四川加工的橄榄油。今见《北京晚报》载专家徐纬英讲甘南适种面积达40多万亩，看来潜力不小，希望你予以重视。"

2006年11月11日，温家宝总理在徐纬英11月8日递交的《油橄榄在中国已经引种成功》的考察报告上批示："徐纬英同志奋斗四十余年，成功引种了油橄榄，实现了周总理的愿望。她的事迹和精神感人至深。要继续努力，发展我国油橄榄事业。"

中央和地方领导实事求是的工作作风和果断决策推动了油橄榄产业沿着正确的方向前进。

20世纪末，武都城中竖起了一座碑，正面是宋平同志题写的"陇南油橄榄基地"。背面是碑记，全文如下：

油橄榄原产于地中海沿岸，1964年周恩来总理访问阿尔巴尼亚期间引入国内。1977年在原甘肃省委书记宋平同志的关怀下在白龙江沿岸多点试栽，国内外专家考察论证这一地带是全国油橄榄最佳适生区之一。近年来，在省委、省政府的关心和地委、行署的领导下，油橄榄作为武都六大支柱产业之一，得到了较快发展。栽植面积达到2万多亩，初步形成了育苗、栽培、加工一体化的开发格局。1999年4月，为推动油橄榄产业快速发展，宋平同志特意题词"陇南油橄榄基地"（武都县人民政府，1999年10月）。

（俞宁　供图）

1995年9月23日，时任甘肃省委书记阎海旺（右一）和副省长贠小苏（中）视察陇南地区武都县大湾沟油橄榄示范园，向该园负责人祁治林（左一）了解情况。

（徐文成　摄；祁治林　供图）

1997年10月23日，时任甘肃省副省长郭琨（前右）在陇南地委书记朱志良（前左）的陪同下视察武都县汉王镇油橄榄老园。

（徐文成　摄；祁治林　供图）

1998年10月2日，中国林业科学研究院油橄榄专家邓明全（左二）在武都县大湾沟油橄榄示范园向时任甘肃省委副书记、代省长宋照肃（右一）、陇南地委书记朱志良（右二）介绍油橄榄科研和生产情况。

（邓明全　供图）

2003年5月18日，时任四川省委书记张学忠（左二）在广元市视察四川蜀北橄榄油有限公司苗圃。

（祁治林　供图）

2007年8月6日，时任云南省常务副省长罗正富（右三）在楚雄州永仁县考察云南绿原实业公司的油橄榄园，向该公司董事长李有林（右五）了解情况。

（李有林　供图）

2011年6月26日，时任四川省委书记刘奇葆（前右二）视察四川天源油橄榄有限公司生产车间，听取公司董事长何世勤（前左一）的情况汇报。

（何世勤　供图）

2013年12月26日，时任四川省副省长曲木史哈（前右三）视察成都市金堂县淮口镇西中公司的油橄榄园。

（韩华柏　供图）

1993年9月，中国林学会经济林分会油橄榄研究会在四川万县召开。后排左起：李小林、张植中、郝文川、李焱春、杨凤云、祁治林。前排左起：谯正国、龙秀琴、徐纬英、喻美莲、张凤芝、刘佳佳。

（邓明全　供图）

1996年11月22日，时任陇南行署副专员周汉臣（左三）、行署林业处处长刘尚文（右三）、行署外事办公室主任罗建军（左二）、武都县县长唐志敏（右二）、大湾沟油橄榄示范园主任祁治林（左一）和陇南行署扶贫办公室主任杨春周（右一）赴意大利罗马拜访FAO官员美尼尼先生（右四）。

（祁治林　供图）

1997年5月，意大利油橄榄专家尼尔西维奥（左二）应邀到甘肃武都考察油橄榄发展情况。陇南地区外事办公室主任罗建军（右三）、大湾沟油橄榄示范园主任祁治林（左一）等陪同。

（祁治林　供图）

1998 年 9 月，中国林业科学研究院林业研究所油橄榄考察组在希腊哈尼亚油橄榄与亚热带植物研究所所长 N. Michelakis 博士陪同下考察了克里特岛油橄榄园灌溉系统的布设与运营（上图），了解通过测量油橄榄树皮厚度的日变化来认识树体水分动态的变化情况（下图）。

（N. Michelakis　供图）

Kostas S. Chartzoulakis 博士（上图左二）介绍了油橄榄品种对不同浓度盐水灌溉的耐受力的研究。A. Koutsaftakis 博士（下图左三）介绍了各型榨油设备的特点以及对进口设备进行认证管理的工作。

（王贵禧　供图）

1998 年 10 月，希腊克里特岛哈尼亚油橄榄与亚热带植物研究所专家组一行 3 人在所长尼克（N. Michelakis）（左图右二）带领下回访中国。专家组考察了武都汉王油橄榄园（左图）和新建城关教场梁油橄榄园（右图）。油橄榄栽培专家雅尼（I. Metzidakis）（右图左一）在讲解幼树整形技术。

（邓明全　供图）

1998 年 10 月，希腊专家组 N. Michelakis（右四）、I. Metzidakis（右三）、A. Kotusaftakis（左二）访问了中国林业科学研究院，会见了中国林业科学研究院副院长张守攻（左三）、科技部农村司处长杭三八（右二）和中国林业科学研究院林业研究所副所长刘兴臣（右一）。

（俞宁　供图）

2001 年 9 月 8 日，FAO 一期项目总顾问布代尔（第二排左四）率领 FAO 一期项目援华发展油橄榄专家组考察大湾沟油橄榄示范园。

（祁治林　供图）

2002 年 12 月 20 日，希腊农业部秘书长克拉卡斯（ A. Korakas）先生（右三）会见了从克里特岛返回雅典的中国林业科学研究院考察学习组成员（左起：王成章、马志远、俞宁）。

（俞宁　供图）

2003 年 9 月，受以色列咨询机构 MATAT 委派，油橄榄专家 Shahar 在甘肃武都考察、讲学。

（俞宁　供图）

2005年2月25日，中国林业科学研究院油橄榄考察组刘兴臣副所长（右下图左一）和俞宁博士（右下图右一）访问了位于西班牙巴塞罗那的宣称“世界领导者”的Agromillora苗木公司。农艺师胡安（Joan Samso Duran）（右下图右二）带考察组成员参观了采穗圃（左上图）、扦插床（右上图）和健化床（左下图）。该苗圃年出圃300万～400万株当年生根的油橄榄苗木，面向全球出口，主要以用于超集约栽培模式的‘Arbequina i-18’‘Arbosana i-43’和‘Koroneiki i-38’无性系苗木为主，因为此模式是由他们在10年前率先推出的。尽管有争议，当时该模式的油橄榄园已在西班牙、意大利、澳大利亚、美国和阿根廷等国家推广了6万公顷。

（俞宁　供图）

2005 年 3 月 4 日，中国林业科学研究院油橄榄考察组访问了位于马德里的国际油橄榄理事会（IOC）总部，受到常务副主任 Franco Oliva（左图左四）等的热情接待。IOC 官员询问了中国油橄榄的发展概况，双方探讨了 IOC 资料中译本的翻译、出版等必要程序以及可能的合作范围和方式。

（俞宁　供图）

2005 年 11 月 6～12 日，云南省林业科学院邀请以色列瓦德茨农业研究站的 Nimrod Priel、Uri Yogev 两位教授到云南进行技术指导，先后参观云南绿原公司永仁油橄榄种植基地、永仁油橄榄良繁基地、昆明树木园，考察了新植园、老园的油橄榄种植情况，并对油橄榄灌溉、施肥、病虫害防治等种植技术进行了培训。

（陆斌　供图）

2007 年 4 月 1～6 日，云南省林业科学院邀请希腊雅典农业大学的 Marianna Hagidimitriou、Andreas Katsiotis 两位教授和 Kostelenos 油橄榄种植园的农艺学家 George Kostelenos 到云南昆明、永仁等地进行技术指导和培训。

（宁德鲁　供图）

2007年5月8日，IOC执行主任Habib Assid（左图左二）首次访问中国，行程紧凑，考察了四川省广元市的油橄榄园，并召开了一个座谈会，给他留下了深刻的印象。

（俞宁　供图）

2007年5月9日，IOC执行主任Habib Assid（左图中）先后拜访了中国林业科学研究院（左图）和国家林业局（右图），互相介绍了基本情况，也谈到中国加入IOC的可能性。中国林业科学研究院参加会谈的有副院长刘世荣（左图右二）、国际合作处副处长贺广森（左图左一）、林业研究所副所长刘兴臣（左图右一）和俞宁博士（左图左二）。

（俞宁　供图）

2007年11月20日至12月2日，云南省油橄榄考察团到希腊进行了为期12天的学术考察和访问。考察团先后参观了雅典农业大学油橄榄试验基地、波罗斯岛Kostelenos育苗公司、波罗斯岛油橄榄加工厂等地，还在克里特岛哈尼亚亚热带植物与油橄榄研究所进行了希腊油橄榄的种植及栽培管理、橄榄油加工及质量控制、油橄榄灌溉需求及水的质量要求、病虫害防治等方面的技术培训。

（陆斌　供图）

2008年1月9～10日，中国经济林协会油橄榄协作组成立暨整形修剪研讨班在四川省达州市开江县举行。会议产生了以主任委员李聚桢（上图左二）为代表的领导班子，通过了工作条例，初步确定了今后的工作方向。由此，协作组开始营造“中国油橄榄从业者之家”的氛围。我国知名油橄榄专家邓明全（下图左一）做了“油橄榄枝芽类型与整形修剪”的专题报告，并做了现场示范。与会代表积极发言，对新诞生的行业组织提了很多积极、建设性的建议。

（俞宁　供图）

2008 年 9 月 15～25 日，甘肃省油橄榄考察团前往希腊、意大利进行为期 12 天的栽培及加工考察。左图为 9 月 18 日在意大利佛罗伦萨 PECIA 油橄榄良种研究中心参观联栋温室内的油橄榄良种繁育。右图为 9 月 22 日在希腊雅典农业大学遗传育种实验室良种收集保存圃听专家 Andreas Katsiotis 讲解老树更新。

（姜成英　供图）

2009 年 5 月 11～18 日，时任中国经济林协会油橄榄协作组秘书长俞宁博士（中）应西班牙安达卢西亚贸促会（EXTENDA）的邀请赴西班牙考察，并在哈恩举办的第 14 届 EXPOLIVA 展会的研讨会上做了“油橄榄在中国”的主题演讲。

（俞宁　供图）

2009 年 5 月，西班牙专家 Pedro J. Rodriguez Sanchez 受邀访问甘肃省林业科学研究院（左图），考察武都油橄榄种植情况，并现场示范油橄榄黄萎病的防治方法（右图）。

（姜成英　供图）

2009 年 9 月 10～11 日，中国经济林协会油橄榄协作组针对生产中的突出问题，在四川省广元市召集了“油橄榄产业规范研讨会”。来自北京、上海、四川、甘肃、云南、陕西和湖北的 60 余位代表参加了会议。大家围绕我国油橄榄产业规范化的主题，研讨实行苗木生产、品种选择、栽培措施、橄榄油提取等主要技术环节的规范化、标准化的实质内容和主要问题，通过介绍经验，诠释观点，达到集思广益、取得共识的目的。

（姜成英　供图）

2010年1月5~26日，甘肃省林业科学研究院组织甘肃省油橄榄骨干19人赴意大利，在意大利罗马大学、佛罗伦萨大学、巴里大学、意大利国家油橄榄研究理事会接受为期21天的“油橄榄栽培、加工技术及产业发展”技术培训。图为在Torrita庄园现场学习修剪技术。

（姜成英　供图）

2010年9月9～19日，曾任两届IOC主席、国际知名油橄榄专家、以色列希伯莱大学名誉教授、80岁高龄的西蒙·拉维（Shimon Lavee）应邀考察武都油橄榄生产情况，认为油橄榄在武都生长、结实正常，栽培管理问题不大，只是担心将来劳动力成本上升，满山遍野地采收会十分困难。

（俞宁　供图）

2010年9月15～16日，西蒙教授在成都就油橄榄生物学、生理学、栽培学及育种趋势等专题讲学2天。西蒙教授的学术造诣和敬业精神深深感染了在场的油橄榄科技工作者。

（俞宁　供图）

2011 年 4 月 13～14 日，中国经济林协会油橄榄协作组领导成员暨专家座谈会在西昌召开。全国各主要油橄榄种植区科研单位和企业代表共 60 多人出席了会议。会议围绕油橄榄的丰产稳产展开座谈研讨（左上图、右上图）。与会代表分析了主要问题，明确了主攻方向。会后，部分代表考察了会理及云南永仁（左下图）、昆明（右下图）、丽江等地的油橄榄种植情况。

（俞宁　供图）

2011 年 5 月 13 日，中国油橄榄科技考察团一行 9 人参观了 IOC 设在西班牙科尔多瓦的油橄榄种质资源圃。负责人 Carmen del Río 博士介绍了基本情况，并回答了团员的问题。该圃保存有来自世界各国的油橄榄品种 500 个左右，并先后为 8 个科研团队提供开放式平台。

（俞宁　供图）

2011 年 5 月 18 日，中国油橄榄科技考察团参观了巴塞罗那附近的超集约栽培园，品种是‘Arbequina i-18’，定植密度达 110 株 / 亩。加泰罗尼亚研究机构 IRTA 的 Josep Rufat 博士（右二）和 Lleida 大学的 Mir 教授、Roca 教授介绍了该园的管理技术。

（俞宁　供图）

2011年9月17～21日，以色列政府资助的油橄榄培训班在甘肃省陇南市举办。专家瑞文（左图前左一）、法蒂（左图前左二）讲课3天，培训学员120人，并为学员颁发了结业证。

（赵海云　供图）

2011年11月8～9日，“全国油橄榄产业发展研讨会暨中国经济林协会油橄榄协作组换届会议”在甘肃省陇南市武都区隆重召开。来自全国12个省（自治区、直辖市）油橄榄种植区的产业主管部门领导、科研单位专业技术人员和企业代表共108人出席了会议。会议围绕“提高认识，加强领导，依靠科技促进油橄榄产业健康发展”为主题进行了研讨，并产生了新一届油橄榄协作组领导班子。会上，中国经济林协会授予甘肃省陇南市武都区为“中国油橄榄之乡”，并举行了授牌仪式。

（赵海云　供图）

2012 年 10 月 30～31 日，甘肃省陇南市油橄榄研究所邀请了巴勒斯坦油橄榄餐果加工专家克里木·杰迪先生、中国林业科学研究院林产化学工业研究所首席专家王成章博士，举办了“餐用橄榄加工技术”培训班，40 多名来自油橄榄加工企业的技术员、油橄榄种植大户、陇南市油橄榄科技人员学习了世界餐用橄榄生产、消费和贸易，以及果实的采收、加工及品质鉴评等课程（左图），并在陇南田园油橄榄科技开发有限公司加工车间和陇南市油橄榄研究所大堡油橄榄科技试验园进行餐用橄榄果的加工技术现场实践操作培训（右图）。与会者进行了很好的交流互动，培训取得了实效。

（张正武　供图）

2012 年 11 月 18～20 日，来自位于地中海腹地的希腊克里特岛的哈尼亚油橄榄和亚热带植物研究所所长、灌溉及水资源专家 Kostas S. Chartzoulakis 博士，橄榄油品质分析专家 Evangelia Stefanoudaki 博士，以及油橄榄栽培专家 Georgios Koubouris 博士，在甘肃武都就国际油橄榄发展现状、油橄榄的品种鉴别、栽培和水肥管理、整形修剪、病虫害防治等方面，对中国林业科学研究院和四川、云南等地的科研人员，加工企业主，以及武都区内的油橄榄专业技术人员和种植大户进行了综合培训。培训后，希腊专家深入武都区各油橄榄种植基地，考察走访油橄榄种植户和加工企业，并和国内专家一起分析、探讨武都区油橄榄发展措施。

（俞宁　供图）

2012年11月23日，甘肃省林业科学研究院在兰州与希腊哈尼亚油橄榄和亚热带植物研究所举行了国际合作备忘录的签约仪式。双方同意，为解决甘肃省油橄榄生产中存在的问题，快速提升油橄榄产业水平，在油橄榄品种引进、品种选育技术、橄榄园管理技术、橄榄油综合利用及废水处理等方面开展广泛深入的合作。甘肃省外国专家局、甘肃省林业厅的领导参加了座谈与签约仪式。

（姜成英　供图）

2012年12月4～5日，“中国经济林协会油橄榄产业发展研讨会暨油橄榄专业委员会成立大会”在云南昆明召开。四川、甘肃、湖北、北京、重庆及云南6省（直辖市）的行业主管部门领导、相关科技人员和企业家共87人参加了会议。会议产生了第一届油橄榄专业委员会常务委员，共24位。会上，各相关省（直辖市）交流了油橄榄发展经验，研讨了今后的工作方向和内容。会议期间还参观了昆明市海口林场，重温周恩来总理对我国油橄榄工作的嘱托。与会代表在海口林场共同种植了10个品种50株油橄榄纪念树。

（中国经济林协会油橄榄分会秘书处　供图）

2013年4月2～16日，以色列油橄榄专家Shimon Lavee和Oded Salomon到云南省指导油橄榄种植和科研工作（上图），参观了海口林场（下图）。两位专家认为云南发展油橄榄的潜力巨大，今后需加强品种选育、栽培管理和病虫害防治工作，重视专业队伍的建设。

（宁德鲁　供图）

2013年10月29日，"国际油橄榄先进生产技术研讨会暨优良品种展示会"在四川绵阳召开。会上，中国、意大利、西班牙等国家的油橄榄专家和科研单位、企业就油橄榄品种选择和生产技术进行了研讨。

（肖剑　供图）

2013 年 11 月 1～2 日，“2013• 中国油橄榄产业发展研讨会暨中国经济林协会油橄榄专业委员会年会”在甘肃省陇南市武都区隆重举行（左上图）。全国各主要油橄榄种植区科研单位、企业代表和种植大户共 300 余人参会。会议紧紧围绕我国油橄榄产业发展现状、面临的困难及解决办法、油橄榄的良种选育与栽培技术进行了研讨（右上图）。会议期间，参会代表还参观了油橄榄加工厂（左中图）和油橄榄博物馆（右中图）；在油橄榄种植园里，看到了营养生长与生殖生长平衡的油橄榄树（左下图），聆听了资深油橄榄专家邓明全的点评（右下图）；见证了武都的油橄榄产业正在步入良性发展轨道。

（中国经济林协会油橄榄分会秘书处　供图）

2014 年 9 月 17~18 日，针对我国油橄榄产业快速发展中存在的问题，中国经济林协会油橄榄专业委员会在四川省广元市青川县再次以“产业规范化”为主题召开了研讨会暨年会（上图）。与会代表听取了相关省份的产业发展报告和专家关于橄榄油标准、病虫害防治，油橄榄生物学特性以及美洲油橄榄考察报告，参观了青川县油橄榄示范园（下图），讨论了规范油橄榄产业的必要性、紧迫性和基本方法，提高了思想认识。中国经济林协会油橄榄专业委员会向有突出贡献的 3 家企业颁发了牌匾。同时，聘请了新一届顾问团队。

（中国经济林协会油橄榄分会秘书处　供图）

阶段成果

Progress in stages

后25年，是执着的“中国油橄榄人”在前25年打下的基础上奋力攀登、取得决定性成果的25年。全国油橄榄种植株数从起初的不足10万株增加到1500万株以上，鲜果产量从140吨猛升到逾12000吨（尚有约50%植株未进入结果期）；橄榄油的产量从15吨左右跃上1700吨的新台阶，加工能力稳步增强；良种化率逐年提高，产业规范加速推进；科技队伍持续壮大，科学研究不断深入，呈现出充满无限希望的景象……

规模种植

2000 年，继大湾沟之后，武都县政府决定再建一处示范园，即将军石油橄榄示范园，希望在大湾沟的基础上把示范推向更高水平。将军石油橄榄示范园占地 350 亩，以‘莱星’‘皮瓜尔’‘鄂植 8 号’为主栽品种。同时陆续引入 40 多个品种保存、对比。2001 年定植，2003 年试花、试果，2005 年开始进入盛果期。

2003 年，园中油橄榄树的行间种白车轴草，既可改良土壤、增加有机质，又可作青饲料。

（俞宁　摄）

2005 年，果实累累的‘莱星’。

2005 年，果实累累的‘皮瓜尔’。

2007年，俯瞰将军石油橄榄示范园。

2007年，近看将军石油橄榄示范园。

（俞宁　摄）

2010 年，甘肃省陇南市武都区汉王镇麻池村油橄榄种植园。

2010 年，甘肃省陇南市武都区汉王镇大坪山村现有油橄榄 3200 亩，包围了村子，这是在原产地才能看到的景象。

（俞宁　摄）

2011年的甘肃省陇南市武都区两水镇十里砸子坡油橄榄园，面积1160亩，1999年定植油橄榄10000余株，以‘皮瓜尔’‘鄂植8号’为主。

甘肃省陇南市武都区两水镇段河坝油橄榄基地，2011年开始定植，面积3000亩。

（俞宁 摄）

2010年，甘肃省陇南市武都区三河乡张半山村油橄榄基地。

（邓煜 摄）

四川省广元市青川县沙洲镇白云观油橄榄基地。

（姚荣杰　供图）

2013 年 5 月，四川省成都市金堂县淮口镇油橄榄园。

（俞宁　摄）

四川省达州市开江县林场——四川天源油橄榄有限公司油橄榄种植示范基地。

（何世勤　供图）

2009年9月，四川绵阳华欧油橄榄品种园和引种驯化试种园。该园始建于2006年，共定植6010株，面积360亩，收集品种36个。

（俞宁　摄）

2013年5月，在建的四川绵阳建华乡油橄榄示范园，以‘Arbequina’和‘Koroneiki’2个早实丰产品种为主。

（俞宁　摄）

1964年建立的凉山彝族自治州林业科学研究所的油橄榄种质资源圃，收集种质材料108份，其中国外种质63份。

（中泽公司　供图）

四川西昌北河油橄榄园，始建于2002年，2008年重建，面积300余亩。

（俞宁　摄）

2012年，凉山彝族自治州国家油橄榄良种基地被国家林业局批准为全国首个油橄榄国家重点林木良种基地。

（中泽公司　供图）

2014 年，空中俯视西昌北河油橄榄园。

（中泽公司　供图）

云南省楚雄彝族自治州永仁县莲池乡绿原实业发展有限公司油橄榄示范园，建于2004年，占地1000亩(上图)。旱季缺水时，采用覆盖方法减少地表水分蒸发，可增加产量（下图）。

（宁德鲁　供图）

典型实例

自2010年起，四川省广元市人民政府每年使用财政资金50万元对市内管护成效较好的油橄榄大户给予3000～30000元不等的补助。该项举措极大地提高了全市油橄榄林农种植管护的积极性和有效性。图为2011年广元市油橄榄示范大户管护资金补助兑现会现场。

（董洪丽　供图）

西昌市礼州镇50亩油橄榄园（上图），建于1978年，20世纪90年代中期经品种改良，在承包人谌业朝（下图）的精心管理下，产量比较稳定。近几年油橄榄园的年收入保持在20万元左右。(摄于1995年)

（俞宁　供图）

2012 年，武都区汉王镇马坝村的一株油橄榄树产果 205 千克，创造了当年单株高产纪录。左起：陇南市油橄榄研究所所长邓煜，树的主人贾艳军，武都区油橄榄产业开发办公室主任王新民。

（俞宁　供图）

左上图和右图分别是甘肃省陇南市武都区城关镇教场一队34户中二户的橄榄园。2009—2013年全村年均亩产鲜果514千克。甘肃省林业科学研究院副院长邹天福（左下图左一）、研究员姜成英（左下图右一）和助理研究员吴文俊（左下图右二）在向武都区油橄榄产业开发办公室技术骨干王小强（左下图左二）了解教场一队的油橄榄管理情况。

（俞宁　供图）

20世纪90年代，把油橄榄苗免费发到农民手里都难以种到地里，现在农民自己花钱买苗种。种油橄榄可以收获财富的理念已经妇孺皆知。

（赵海云 供图）

主要品种

‘Leccino’（中译名：莱星），原产地意大利中南部普利亚（Puglia）大区的莱切市（Lecce），故该品种因产地而得名。

‘莱星’是甘肃陇南的主栽油用品种，自花不孕，需要配置适宜的授粉树才能保证大量结实。‘莱星’环境适应能力强，耐寒。对叶斑病、肿瘤病、根腐病有较强的抗性。‘莱星’初榨油的油酸含量很高，占脂肪酸总量的78.5%。

（俞宁　供图）

‘Frantoio’（中译名：佛奥），是意大利文品种名称，词意是“出油多的一种榨油机”。

‘佛奥’生根力强，扦插繁殖成活率高。树体长势中等偏强，树冠自然圆头形，枝叶茂密。新梢和结果枝长、茂密、生长下垂。‘佛奥’适宜土壤松软、肥沃、排水良好的石灰质土种植。不耐寒。对叶斑病、肿瘤病、果蝇等抗性低。在我国引种区适应范围广，在陕西汉中，湖北宜昌、巴东、武昌，四川达州、广元、绵阳、西昌，以及云南昆明、永仁、永胜、宾川等地区，生长表现较其他品种开花结果好，产量高而稳定。

（俞宁　供图）

'Picual'（中译名：皮瓜尔），原产于西班牙，是主要栽培品种中适应性最强的品种之一。树体长势中等，枝叶繁茂，树冠自然圆头形，较易闭心，必须整形，以开心形树冠结果最好。幼树生长期短，新梢生长旺，结果早。自花可孕，但以异花授粉产量更高。果实成熟早，自然落果率低，隔年结果差异小，丰产稳产性好。在我国甘肃武都、四川西昌、云南丽江等地表现出较好的适应性。对叶斑病、根腐病抵抗力弱。对栽培技术要求不严，扦插繁殖率高，固地性好。在甘肃武都，初榨油多酚含量高，油酸含量超过80%。

（俞宁　供图）

'Coratina'（中译名：科拉蒂），原产地意大利中南部普利亚（Puglia）大区，巴里省（Bari）科拉托（Corato）形成的一个地方品种，故而得名。该品种在地中海沿岸和其他国家被广泛引种。在我国也有多地引种，表现较好的是甘肃武都。树势中等，树冠圆头形。新梢和结果枝细长，主枝短，直立生长，结果枝下垂。自花结实率高，但在异花授粉条件下产量更高，稳产性好。初榨油具有高多酚、高油酸含量的特点。

（俞宁　供图）

‘鄂植 8 号’是湖北省植物研究所从油橄榄种子繁殖的实生群体中选出的无性系，1991 年 3 月从湖北省林业科学研究所引种到甘肃陇南武都大湾沟油橄榄示范园试种。现在已引种到四川、云南、重庆等省（自治区、直辖市）。‘鄂植 8 号’树体低矮，长势偏弱。枝干软，新梢和结果枝生长下垂，树冠自然开心形。适应性强，较耐寒，病虫害少。结果早，单株产量高。鲜果含油率 13% ~ 16%，油质中上，口感清淡柔和。适合农户小果园种植。可以适当密植。（摄于 2013 年 11 月）

（俞宁　供图）

'Koroneiki'（中译名：柯基），希腊主栽油用品种，适应性较强，在世界其他新发展地区多有引种。在我国从甘肃武都到云南丽江都表现出早实丰产性状。树势中等，结果枝下垂，耐旱。对孔雀斑病较敏感，较易受果蝇为害。初榨油口感上佳，希腊人为此感到自豪。

（张波　供图）

'Arbequina'（中译名：豆果），西班牙主要油用品种之一，适应性较强。在我国多个引种地表现早实丰产。树势较弱，可适当密植。初榨油油质上乘，口感柔和，果香味清晰可辨，但品质稳定期较短，通常要与其他品种油混合装瓶销售。

（张波　供图）

采运加工

目前果园普遍采用的依然是人工采摘方式。一方面，农忙季节已过，劳动力相对充裕；另一方面，适合山区油橄榄园的特点。左图摄于甘肃省陇南市武都区将军石油橄榄示范园（2007 年），右图摄于大湾沟油橄榄示范园（2009 年）。

（俞宁　供图）

油橄榄丰收时节，各种农用车甚至牲口都被用来运送油橄榄果。图为种植户踊跃交售鲜果的热闹场面和交售鲜果后手握现金的喜悦。

（刘玉红　供图）

丰收的油橄榄果被运至加工场地。

（俞宁　供图）

在用榨油设备均为连续离心式，具有生产效率高、节省劳动力的特点。单条生产线每小时的鲜果处理能力为300 ~ 3500公斤。总体加工能力能够满足生产需要。

（上图、左下图：刘玉红供图　右下图：俞宁供图）

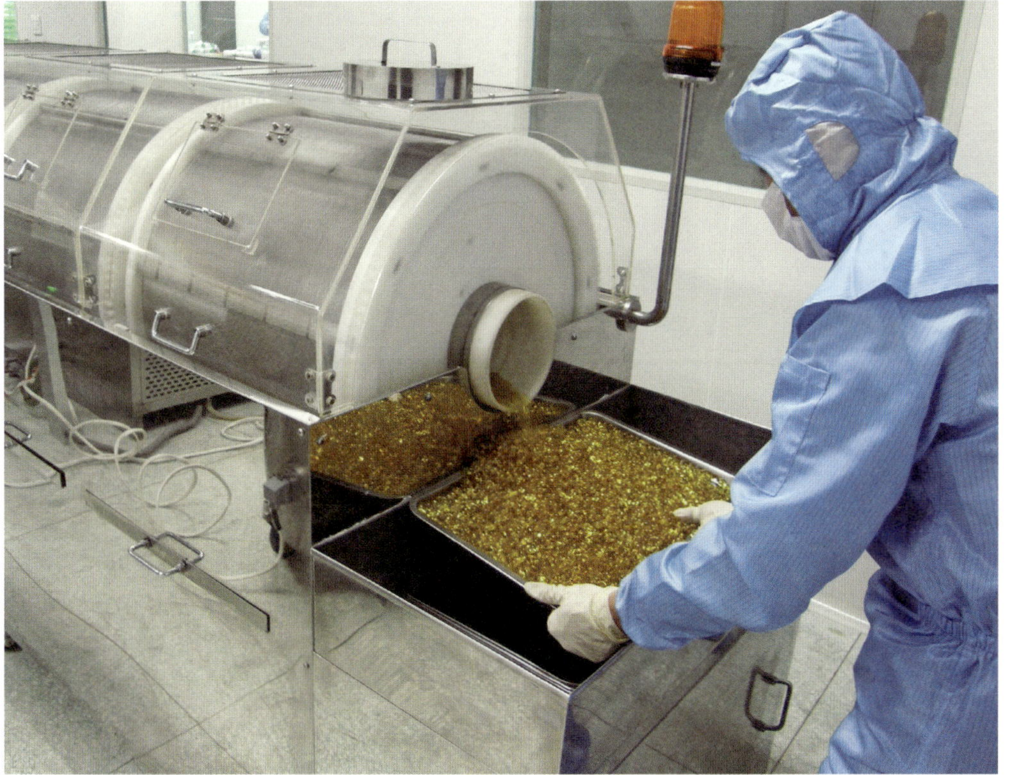

陇南祥宇油橄榄公司建设的 GMP 车间，用于生产油橄榄保健胶囊。

（刘玉红　供图）

2012 年 9 月，陇南田园油橄榄公司的油橄榄叶提取物生产车间开始投产。产品可作保健品、食品、化妆品和药品的添加剂。 上图为厂房外景。左下图为车间一隅。右下图为希腊雅典大学药学院院长 Leandros Skaltsounis 教授（左一）在提取车间内与中国林业科学研究院林产化学工业研究所王成章研究员（右二）交流生产工艺。

（白小勇　供图）

产品系列

自产初榨橄榄油。

橄榄果。

橄榄茶。

橄榄茶珍。

系列化妆品。

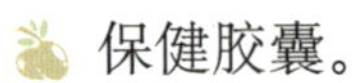

保健胶囊。

橄榄酒。

科研工作

枝条生长节律调查（左图）及花芽采样（右图）。
（姜成英　供图）

下载气象站数据。
（姜成英　供图）

冠层分析。

光合测定。

人工授粉试验。

叶面喷肥试验。

花粉活力测定。

课题组定期交流会。

（姜成英　供图）

科研成果

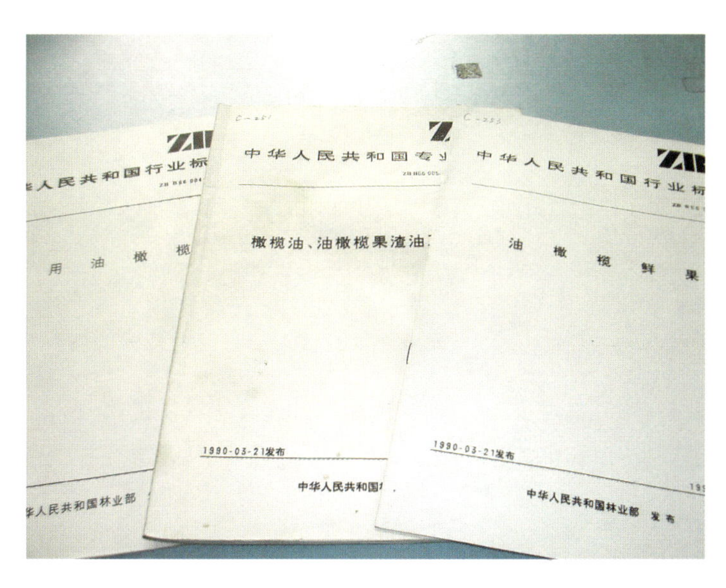

中国林业科学研究院林业研究所副研究员薛益民起草的我国首部油橄榄系列行业标准于1990年由林业部颁布并开始执行。

（神州公司 供图）

1998年，徐纬英等撰写的论文《中国油橄榄适生区研究》被刊载在国际油橄榄理事会（IOC）官方刊物 *OLIVEA* 第70期后，在国际油橄榄界引起很大反响。从此，中国开始在世界油橄榄分布图上占有一席之地。

（神州公司 供图）

甘肃省科学技术进步奖

证　书

为表彰甘肃省科学技术进步奖获得者，特颁发此证书。

项目名称：特色植物及其废弃物资源化高效利用

奖励等级：一等

获 奖 者：陇南田园橄榄油科技开发有限公司

2011年01月17日

证书号：2010-J1-013-D3

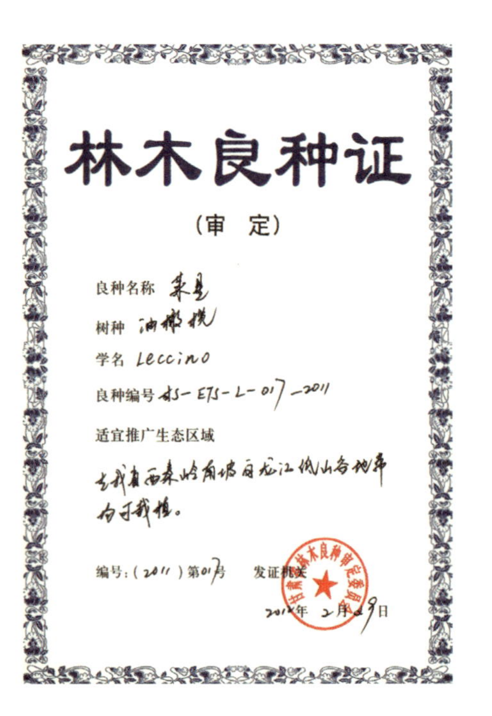

林木良种证

（审　定）

良种名称 莱星

树种 油橄榄

学名 Leccino

良种编号 甘S-ETS-L-017-2011

适宜推广生态区域

甘肃省西秦岭南坡白龙江低山谷地带均可栽植。

编号：（2011）第017号　　发证机关

2011年 2月29日

林木良种证

（审　定）

良种名称 佛奥

树种 油橄榄

学名 *Olea europaea* 'Frantoio'

良种编号 云S—ETS—OE—008—2011

适宜推广生态区域

适宜于金沙江干热河谷区冬季冷凉地带及滇中地区海拔1500～2200m，年均温14～21℃，年降雨量500～1000mm，≥10℃活动积温≥3500℃的红壤或黄壤土种植。

编号：（2011）第8号　　发证机关

二〇一一 年 月 日

历经半个世纪，我国油橄榄科技工作者选育出了一些经主管部门审（认）定的良种，如‘莱星’‘佛奥’‘鄂植8号’‘科拉蒂’‘皮瓜尔’等；制定了一批国家标准、行业标准、地方标准和技术规程；出版著作8部，获多项国家、省部级科技进步奖和专利。

编译的油橄榄资料和出版的著作。

（俞宁　供图）

中国油橄榄产业的有功之人众多，但下面3位，在不同的岗位、不同的历史时期发挥着关键作用。如果没有他们，中国油橄榄的引种历史就要改写。有了他们，我们才有可能走到今天。

邹秉文

邹秉文（1893—1985），原籍江苏省苏州市，农学家、植物病理学家、农业教育和社会活动家。1910 年留学美国，1915 年获美国康奈尔大学研究院植物病理专业学士学位，1916 年归国，历任金陵大学、东南大学教授兼农科主任，中华农学会会长。抗战胜利前后，出任联合国粮农组织（FAO）筹委会副主席、农林部驻美代表等职，1947 年辞去国民党政府各职。1956 年应周恩来总理号召，冲破重重阻挠，自美回归祖国，以一级教授出任农业部和高等教育部顾问，全国政协委员，直至 1985 年以 92 岁高龄去世。是我国近代农业科教事业的先行者，享誉国内外的著名农业专家。

"有一天我拿着 FAO 统计月报，请教邹先生'Olive'应如何翻译，以及它的特点、品质、用途等。这一问没想到引起他极大的兴趣。邹先生说'Olive'应译成'油橄榄'，我国还没有，意大利种植最多。Olive 是木本油料，不占用耕地，我国有的地区可能也适宜种植。他说是否写个报告，建议政府引进试种。于是邹先生提供了大量资料，并附有油橄榄的照片，叫我整理出一份建议，经邹先生定稿后，报送当时的农业部部长廖鲁言。廖鲁言看后很重视，随即上报国务院和有关单位。国家批出外汇从意大利引进了一批油橄榄树苗，空运回国，在我国西南地区试种。"*

* 摘自张桐《从邹老首先引进油橄榄联想到他晚年的精神风貌》

周恩来

（孙毅夫　摄）

“每棵树都要有记录。要像保护四岁的小孩子一样，细心地照管它。”

“现在在这里种植油橄榄有几个问题值得研究：第一，树能不能长成？第二，到时候能不能结果？第三，能不能培育出第二代？第四，第二代能不能成长、结果？这些问题现在都还不能解决。以后解决了，我也不会知道了。”

徐纬英

徐纬英（1916—2009），江苏省金坛县人。1960 年 1 月被指派进入“五人小组”（中国科学院植物研究所林镕副所长、中国林业科学研究院林业研究所副所长徐纬英、林业部造林司司长张昭、农业部顾问邹秉文、农业部粮食油料生产局副局长马夔翁）负责油橄榄引种工作，从此就与油橄榄结下了不解之缘。她为此克服种种困难，倾注了毕生精力，直至 2009 年 2 月去世，历时共 49 年。

（徐红　供图）

2006 年 4 月，徐纬英到四川绵阳考察油橄榄生长情况，并和女儿徐红在四川绵阳华欧小枧示范园种下了她一生中的最后两株油橄榄树。

（肖剑　供图）

2006 年 4 月，徐纬英再次也是最后一次踏上甘肃武都的土地，看望魂牵梦绕的油橄榄树，心中无比宽慰。漫山遍野、生机盎然的油橄榄园似乎在告诉人们：中国可以种植、也能够种好油橄榄！

（甘肃省陇南市武都区油橄榄产业办公室　供图）

品种研究

IOC十分重视油橄榄品种多样性的保护与利用，在地中海沿岸先后建立了3个种质资源收集圃。1986年，在西班牙的Cordoba建了第一个（上图），陆续从21国收集了425个品种；2002年在摩洛哥的Marrakesh建了第二个（下图），从17国收集了500份品种材料；2012年在土耳其的Izmir建了第三个。

（俞宁、IOC　供图）

油橄榄主要生产国也特别重视品种研究。上左图是希腊克里特岛上的哈尼亚油橄榄和亚热带植物研究所的油橄榄品种园。上右图是以色列的油橄榄品种园。两国的相关研究都已经持续了数十年，取得了出色的成果。

（俞宁　供图）

我国尚处于油橄榄产业起步阶段，品种研究开始引起业内人士关注。图为四川省凉山彝族自治州国家级油橄榄种质资源库。

（凉山中泽公司　供图）

产业模式

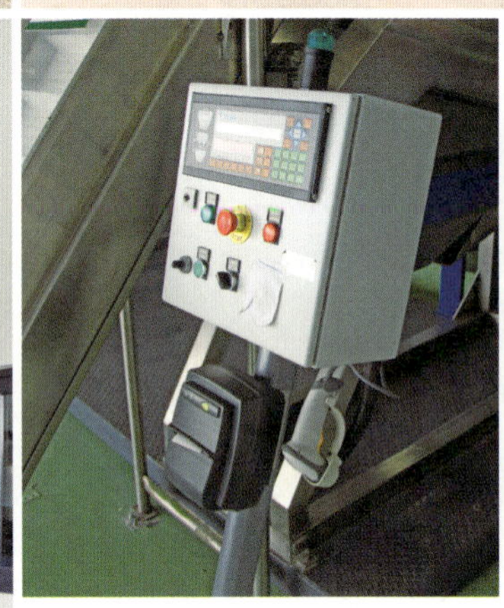

油橄榄主产国的产业模式已经成熟，相对稳定。目前在提高机械化程度、努力降低劳动力成本（左上图、右上图）、可追溯的质量控制体系（下三图）等方面不断完善。我国的油橄榄产业尚处于初级阶段，如何借鉴原产地经验，建立符合国情的高效优质的产业模式，是今后的重要课题。

（中国经济林协会油橄榄分会秘书处　供图）

参考文献

邓明全，俞宁，2012. 油橄榄引种栽培技术[M]. 北京：中国农业出版社.

李聚桢，2010. 中国引种发展油橄榄回顾及展望[M]. 北京：中国林业出版社.

徐纬英，2001. 中国油橄榄——种质资源与利用[M]. 长春：长春出版社.

中国农学会，华恕，1993. 邹秉文纪念集[M]. 北京：农业出版社.

“纪念周恩来总理引种油橄榄50周年”活动纪实

由中国经济林协会、中国绿色时报社主办，中国经济林协会油橄榄专业委员会、云南省昆明市海口林场承办的“周恩来总理引种油橄榄50周年”纪念活动于2014年3月3日在云南省昆明市海口林场和云南省工人疗养院举行。纪念活动得到了国家林业局、云南省林业厅、云南省林业科学院和昆明市政府有关部门的支持。

主席台以汉白玉围栏内周恩来总理当年种下的油橄榄树为背景，主题突出，庄重含蓄。

（神州公司　供图）

来自8个省（直辖市）的代表及20多家媒体记者共160余人参加了活动。代表中既有当年周恩来总理种树时的亲历者、从事油橄榄引种及产业开发数十年的老同志，也有行业主管部门的现任领导，还有在油橄榄科研、开发、生产第一线的科技工作者、企业家、农民。

（神州公司　供图）

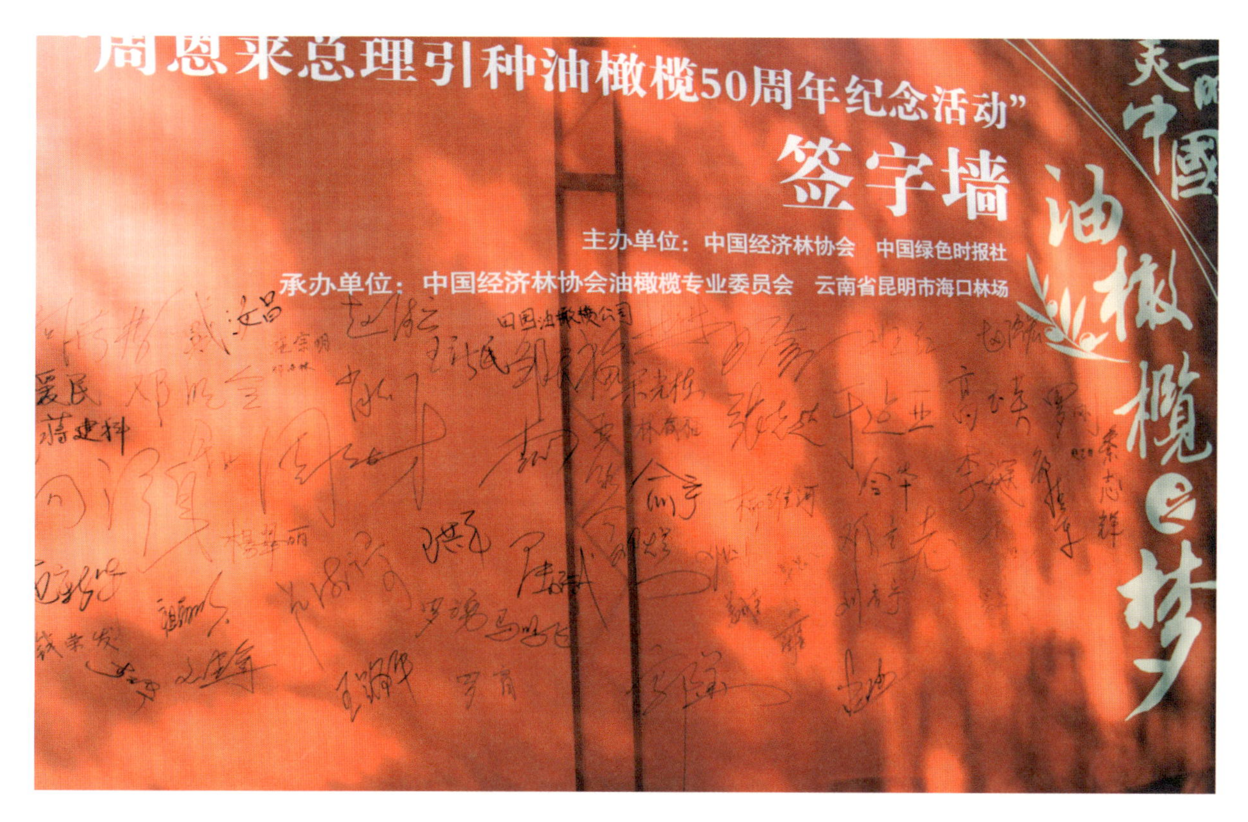

所有参加纪念活动的代表在"签字墙"上郑重地写下自己的名字。

（神州公司　供图）

作为亲历者，原云南昆明海口林场副场长戴汝昌向代表们深情地回忆了1964年3月3日周恩来总理在林场亲手种植油橄榄的情景。

与会代表在云南昆明海口林场纪念展室内认真观看相关图片、文件和视频光盘。

与会代表领到的资料（《中国油橄榄研究论文集》上、下册，纪念画册和视频光盘）。

（赵海云　供图）

2014年3月3日下午，代表们参加了“中国油橄榄产业发展论坛”。老一辈油橄榄专家分享了他们的经历和宝贵经验，提出了中肯建议；其他代表也就科研与生产，种植者、企业、政府和行业组织的工作方向提出了希望。

（赵海云　供图）

（云南昆明海口林场　供图）

后记

抚今追昔，50载画面历历在目；展望未来，油橄榄之梦，期待再谱华章。

作为中国油橄榄人，我们是继往开来的一代，是任重道远的一代。我们肩负着保障国家粮油供给安全的责任，肩负着带领群众发展可持续产业的责任，肩负着祖国河山生态保护和恢复的责任，肩负着向消费者、向国民宣传健康生活理念的责任。巨大的市场需求成为我们发展油橄榄产业的加速器；历代油橄榄工作者选育出了适宜不同生态条件的良种，我国油橄榄适生区得到不断扩大，为我们提供了从梦想通往现实的大道；随着研发的深入，这项传统的林业产业在生物制药、生物保健领域展示出了新的活力和更加广阔的应用天地。我们深知，在前行的路上，我们还需要紧跟社会和科技发展的步伐，在人才培养、品种研究、高效栽培、发展模式、产品研发、质量控制、品牌打造及向生物产业、人工智能升级等方面做更多的努力。这是我们的使命，也是责任。

我们无尚荣光，我们是秉承老一辈油橄榄人精神与梦想的一代；我们无比幸运，我们是站在前辈肩头收获的一代；我们责无旁贷，我们是开创中国油橄榄产业新局面的一代！在一代又一代油橄榄人的艰苦努力下，在祖国的大地上会翻卷起越来越多的橄榄绿涛。穿过摇曳的橄榄枝，我们定会看到国人健康改善、百姓收入提高、家乡山川秀美的美好景象！

梦想，离我们很近，也很远。携手努力吧，中国油橄榄人！

中国经济林协会油橄榄分会

《追梦半世纪——纪念周恩来总理引种油橄榄50周年》编委会

2015年6月20日